Dirk Van den Abeele

Agaporniden

Arten – Haltung – Ernährung – Zucht

übersetzt von Heinz Schnitker

Arndt-Verlag

Impressum

Dirk Van den Abeele:
Agaporniden
Band 1: Arten, Haltung, Ernährung, Zucht

übersetzt von Heinz Schnitker

Erstveröffentlichung der niederländischen Ausgabe 2005 bei About Pets

1. Auflage (2010)
Arndt-Verlag
Brückenfeldstr. 28
75015 Bretten

ISBN 978-3-9813383-1-7

Gesamtgestaltung:

Thomas Arndt

Lektorat:

Walter Weinberger

Druck:

Strube OHG, Felsberg

Bildnachweis:

Van den Abeele, D.: 3, 5-9, 11, 12, 14, 16-19, 24 li., 26, 27, 32, 34-35, 50, 56-60, 65, 66, 71 r., 72, 74, 76, 78, 79 l., 80, 85, 87-88, 90, 92-99, 102-104, 106-112, 114-125, 127-128, 130-131, 133
AMNH/Arndt, T.: 3 (Mitte), 42
Arndt, T.: 25 re., 30 u., 33, 51, 79 r., 86, 101, 126, 132, 134-136, 138-142
Bocca, S.: 15, 43, 48, 49
van der Cruyssen, Dr. J.: 113
Hannes, J.: 40, 41 u.
Lambert, K-H.: 20-22, 28-29, 30 o., 36-38, 52-54, 62-64, 68-70, 74-75, 76 o., 82-84, 100, 137
März, S.: 105
NNM, Naturalis, Leiden, NL: 46
Nat. Hist. Mus. Tring, UK: 71 li.
Nielsen, B.: 39 o., 136
de Pauw, K.: 24 re., 25 li.
van de Ponseele, E.: 129
Sanchez-Martinez, S.: 93
Uitenbogaard, E.: 89, 91
Warburton, L.: 13, 76 u., 77, 124
Wüst, R.: 45, 47

Kartenvorlagen: © Carl Rosenberg (www.fallingrain.com)

Kartenerstellung: Arndt, T.

Titelbilder: Van den Abeele, D.

Rechts: die neun Arten der Agaporniden

Von links oben nach rechts unten: Graukopfchen, Taranta-Papagei, Orangeköpfchen, Rosenköpfchen, Grünköpfchen, Pfirsichköpfchen, Schwarzköpfchen, Erdbeerköpfchen und Rußköpfchen

Inhalt

Rechts: Taranta-Papageienpaar

Der Autor: Dirk Van den Abeele

Vorwort

Im Jahre 2005 kam die erste Version des vorliegenden Buches (auf Niederländisch und auf Englisch) auf den Markt. Dabei waren wir beim Aufbau des Buches zum ersten Mal nicht mehr von der klassischen Einteilung ausgegangen, bei der die Mutationen jeweils unter den einzelnen Arten angegeben wurden und innerhalb der jeweiligen Arten auch noch spezifische Namen bekamen. Denn da bislang nur eine bestimmte Anzahl von Mutationen bekannt ist und es sich bei den verschiedenen Arten vielfach um den gleichen Typ von Mutation handelt, war es uns sehr wichtig – neben der entsprechenden Aufmerksamkeit für die Wildformen – die Mutationen zunächst eigenständig zu behandeln und erst dann nachzuschauen, wie sie sich bei den einzelnen Arten zeigen. – Daraufhin bekamen wir von allen Seiten viele positive Reaktionen.

Aber die Welt steht nicht still, und auch die neueren wissenschaftlichen Erkenntnisse über unser Hobby müssen regelmäßig aufgearbeitet werden. Daher muss der Inhalt eines Buches auch kontinuierlich weiterentwickelt werden. Deshalb wurden bereits die spanische und die tschechische Version, die beide im Jahr 2006 gedruckt wurden, zum Teil überarbeitet. Im September 2009 entstand dann die italienische Version. Es wurden sogar einige neue Kapitel hinzugefügt: Weitere wissenschaftliche Entdeckungen und neue Mutationen waren der Grund dafür.

Deshalb haben wir auch nach September 2009 weiter an diesem Buch gearbeitet. Diesmal mit noch mehr Aufmerksamkeit für die Vögel in freier Natur und für taxonomische Fragen. Denn all dieses ist ja auch für unser Hobby sehr wichtig.

Ob wir nun einfach aus Freude Vögel pflegen, sie züchten oder ob wir sie wissenschaftlich untersuchen, ob wir sie in freier Wildbahn beobachten oder uns mit ihrer Systematik befassen, wir haben – oft ohne dass es uns bewusst ist – viele gemeinschaftliche Berührungspunkte in unserem Hobby und wir können einander (jeder auf seinem Gebiet) hervorragend ergänzen.

Wie immer habe ich mich auch diesmal bemüht, Eindeutigkeit in der Namensgebung für die Mutationen herzustellen. Aus diesem Grund wird der Gebrauch der internationalen Bezeichnungen in diesem Werk sehr ausführlich beschrieben. Ich habe mich auch darum bemüht, die Informationen anhand so vieler Quellen wie möglich zu überprüfen und sie auf den neuesten wissenschaftlichen Einsichten aufzubauen. Denn wenn wir uns verantwortlich mit unserem Hobby beschäftigen wollen und unsere Informationen so korrekt und aktuell wie möglich haben wollen, ist das absolut notwendig.

Stillstand ist Rückgang. Vergessen wir vor allem nicht, dass es wichtig ist, dass wir alle gemeinschaftlich daran arbeiten und ein gemeinsames Ziel vor Augen haben: unser Hobby glaubwürdig und wissenschaftlich verantwortlich zu betreiben und es so für die Zukunft zu bewahren. Dazu sind wir alle zusammen als Vogelliebhaber verpflichtet.

Da wir dieses Buchwerk so umfassend wie möglich erstellen wollten, hat der Herausgeber, Herr Thomas Arndt, entschieden, das Buch in zwei Teilen herauszugeben. So können wir alle Aspekte unseres Hobbys ausreichend behandeln. Ich hoffe deshalb auch, dass viele Menschen an diesen Büchern Geschmack finden werden.

Zum Schluss möchte ich mich bei den Menschen bedanken, die auf die eine oder andere Art zum Erfolg dieses Buches beigetragen haben. Für die deutsche Ausgabe danke ich besonders Herrn Heinz Schnitker für die Übersetzung des Buches und Herrn Peter Frenger und Herrn Walter Weinberger für das Korrekturlesen. Ihre Mitarbeit und Freundschaft ist von unschätzbarem Wert.

Dirk Van den Abeele

Serskamp, April 2010

Vorwort des Übersetzers

Von Haus aus bin ich kein Agaporniden-Züchter und kenne mich auch nicht besonders gut mit der Zucht von Mutationen aus. Dennoch verbindet mich schon seit langem eine große Liebe mit allen Papageiartigen: Wie viele andere habe auch ich von Kind an immer Interesse für die kleinen Krummschnäbel gehabt. Als Jugendlicher habe ich manche Sitticharten gezüchtet, später immer wieder auch größere Arten gehalten. Und seit einiger Zeit beschäftige ich mich vorrangig mit der Systematik und den wissenschaftlichen Hintergründen dieser Vogelgruppe.

Dabei ist mir deutlich geworden, dass die sinnvollsten Erkenntnisse dann entstehen, wenn man das gleiche Thema von verschiedenen Seiten beleuchtet: Feldforschung und Züchter-Erfahrungen, „antiquierte" Balguntersuchung und „modernste" genetische Forschung sind alle gleichermaßen von großer Bedeutung, wenn man die Welt der Papageien wirklich verstehen will.

Von daher war die Anfrage an mich, dieses Buch (bzw. diese Bücher) zu übersetzen, eine schöne Herausforderung: Da ich einige Jahre in den Niederlanden gelebt habe, ist mir die holländische Sprache sehr vertraut. Und da mir wissenschaftliche Terminologie nicht fremd ist, waren auch die genetisch-biologischen Teile des Buches ein Zugewinn.

Im Verlauf dieser Arbeit haben sich mit Dirk viele Gespräche, gegenseitige Besuche und gemeinsame Museumsaufenthalte mit Balguntersuchungen ergeben. Diese Zeiten habe ich immer als sehr bereichernd erfahren.

Bedanken möchte ich mich besonders bei Peter Frenger für die fachkundige Durchsicht des Textes (vor allem wenn es um Vereinsfragen und manche Fachausdrücke ging), bei Walter Weinberger für das Lektorieren des Textes und bei Dirk Van den Abeele und Thomas Arndt für die Unkompliziertheit im Umgang, wenn wir an der Entstehung und

Überarbeitung der vorliegenden Bücher gearbeitet haben. So war es - bei aller dazugehörigen Arbeit - auch eine angenehme Erfahrung, miteinander im Gespräch zu sein und voneinander zu lernen...

Heinz Schnitker

Georgsmarienhütte, im April 2010

Dirk Van den Abeele ...

... im Alter von 14 Jahren vor seiner ersten Voliere.

Einleitung

Von klein auf hatte ich immer schon Interesse an Vögeln. Ich weiß noch, dass ich als kleiner Junge alle möglichen Kisten zusammengesucht habe in der Hoffnung, einen „Vogelkäfig" daraus zu machen – nur um Sittiche kaufen zu dürfen. Ich erinnere mich noch an die Geschichten meiner Mutter über ihren Großvater, der ebenfalls Wellensittiche züchtete. Bei diesen Erzählungen konnte ich in meiner eigenen Fantasiewelt aufgehen und sah in Gedanken schon meine eigene Voliere.

Einmal im Jahr gab es in der Nähe eine Vogelausstellung. Da wollte ich immer hin. All die schönen Vögel und Farben, davon konnte ich nur träumen. Leider waren meine Eltern nicht für Vögel. Auf der örtlichen Kirmes kam mir dann der Zufall zu Hilfe: Mein Bruder Jan und ich gewannen bei einer Tombola ein paar Zebrafinken und die nahmen wir mit nach Hause. Eigentlich fand ich sie überhaupt nicht schön und hätte viel lieber einen Sittich gewonnen, aber es war besser als nichts. Erst wurden sie in einem kleinen Käfig untergebracht, aber nach langem Bitten und Betteln bekam ich meinen Willen und mein Vater baute für eine kleine Voliere. Dieses Gehege war zweigeteilt und der obere Teil war für die Vögel meines Bruders (der sich um die Zebrafinken kümmerte), und ich bekam den unteren. Endlich durfte ich auch meine ersten Vögel kaufen. Ich war zehn Jahre alt. Die Wahl fiel auf zwei Paare Wellensittiche in den Farben grün und blau. Ich mochte vor allem ihre herrlichen Farben. Stundenlang konnte ich vor dem Käfig stehen und sie anschauen; nichts war interessanter als die Sittiche zu beobachten. Als nach einem Jahr die ersten Eier und Jungen kamen, dehnte mein Hobby sich schnell aus. Mein Bruder hatte bald genug von den Vögeln, und so übernahm ich seinen Teil der Voliere. Da meine Zuchterfolge gut waren, ich aber keine Vögel weggeben wollte, baute mein Vater noch ein Stück an. Dieses „Meisterwerk" war zwei Meter hoch, zwei Meter lang und ungefähr 70 cm tief. Wie war ich stolz auf meine eigene Voliere! In dieser Zeit habe ich wahrscheinlich mehr Zeichnungen von Vögeln gemacht als Hausaufgaben.

Als ich zum ersten Mal ein Rosenköpfchen (*Agapornis roseicollis*) sah, war es Liebe auf den ersten Blick. Ich wollte sofort ein Paar kaufen, aber als der Verkäufer erzählte, dass diese Vögel den Winter über frostfrei gehalten werden mussten, kaufte ich sie doch nicht, da ich keinen frostfreien Raum für sie hatte. Trotzdem war ich felsenfest davon überzeugt, diese Vögel später einmal zu züchten.

Ich fing an, mich weiter über Agaporniden und Wellensittiche zu informieren und war begeistert von all den unterschiedlichen Farben. Mit fünfzehn suchte ich Märkte und Läden nach Büchern und Information über Vögel ab. Ich suchte nach Informationen, die erklären konnten, wie bestimmte Farben entstanden. Genetik war mir damals noch kein Begriff, aber trotzdem suchte ich schon nach möglichen Erklärungen. Bei meinen Sittichen probierte ich alle möglichen Kreuzungen aus und zeichnete alles genau auf.

Ab einem bestimmten Zeitpunkt aber interessierte ich mich doch mehr für Mädchen und die örtliche Disco und gab meine Vögel weg. Trotzdem war ich mir sicher, dass ich später wieder auf sie zurückkommen würde.

Als ich nach einigen Jahren heiratete und mein eigenes Haus bezog, baute ich mir eine Voliere und ein Vogelhaus im Garten. Dort wurden anfangs Wellensittiche untergebracht, und endlich kaufte ich mein erstes Pärchen naturfarbene Rosenköpfchen. Der Damm war gebrochen: Alles, was es an Vogelliteratur gab, wurde verschlungen. Das Rätsel, wie die unterschiedlichen Farben zustande kommen, faszinierte mich immer noch. Als 1985 die MUTAVI Research & Advice Group durch (den mittlerweile verstorbenen) John van Eerd und Inte Onsman gegründet wurde, verschlang ich alle MUTAVI-Publikationen. Endlich gab es noch andere Menschen, die sich mit dieser Materie befassten! Auch die Publikationen von Harrie van der Linden und W. Beckmann waren für mich eine einzige Offenbarung. Mehrmals las ich die Passagen über Federstruktur und Vererbung, aber es war eine schwer zu verstehende Materie. Trotzdem versuchte ich Schritt für Schritt, mir das Grundwissen anzueignen, und mit Mühe lernte ich, meine ersten Formeln auszuarbeiten, worauf ich mächtig stolz war. Ich hätte damals nie vermutet, dass ich Jahre später selbst bei MUTAVI aktiv werden würde und Inte Onsman und Harrie von der Linden, meine großen Vorbilder, auch meine persönlichen Freunde werden würden.

Mein Interesse für Agaporniden wurde immer größer, und ich gab meine Wellensittiche weg. Ich konzentrierte mich völlig auf die Zucht von Agaporniden, vor allem auf die Wildform des Schwarz-, des Pfirsich- und einige Mutationen des Rosenköpfchens. Schließlich zogen doch alle Agaporniden-Arten bei mir ein, aber die Wildform des Pfirsichköpfchens und die verschiedenen Mutationen des Rosenköpfchens blieben meine Favoriten.

Ich nehme selten an Vogelausstellungen teil und habe keinerlei Ambitionen, mit Titeln zu glänzen. Diese Art von Siegen überlasse ich gerne anderen. Ich würde mich selbst auch nie als „großen Züchter“ bezeichnen. Wie jeder andere kenne ich Rückschläge und Enttäuschungen, aber auch Momente intensiven Glücks und innerlicher Ruhe, wenn ich mich für kurze Zeit in meine Ecke zurückziehen und den Anblick dieser kleinen Geschöpfe, die mich so faszinieren, genießen kann. Ich beschränke mich auf höchstens zwanzig Zuchtpaare und bemühe mich, allen meinen Vögeln eine optimale Versorgung zu geben.

Der Autor im Natural History Museum Tring bei London

Die Untersuchung von Bälgen aus freier Wildbahn war Bestandteil der Arbeit an diesem Buch.

Nicht nur die Vögel faszinieren mich. Ein anderer wichtiger Aspekt dieses Hobbys sind die sozialen Kontakte. Dank meines Hobbys lernte ich weltweit schon viele Menschen kennen, Geistesverwandte, die wie zahlreiche andere eine große Leidenschaft für Agaporniden haben. Zusammen mit ihnen habe ich unglaublich schöne Stunden erlebt. Vor allem darf ich die Mitarbeiter und Mitglieder der „Belgische Vereniging Agaporniden“ (BVA) nicht vergessen. Die Freundschaften mit diesen Menschen sind unendlich wichtig für mich. Ihnen widme ich darum dieses Buch.

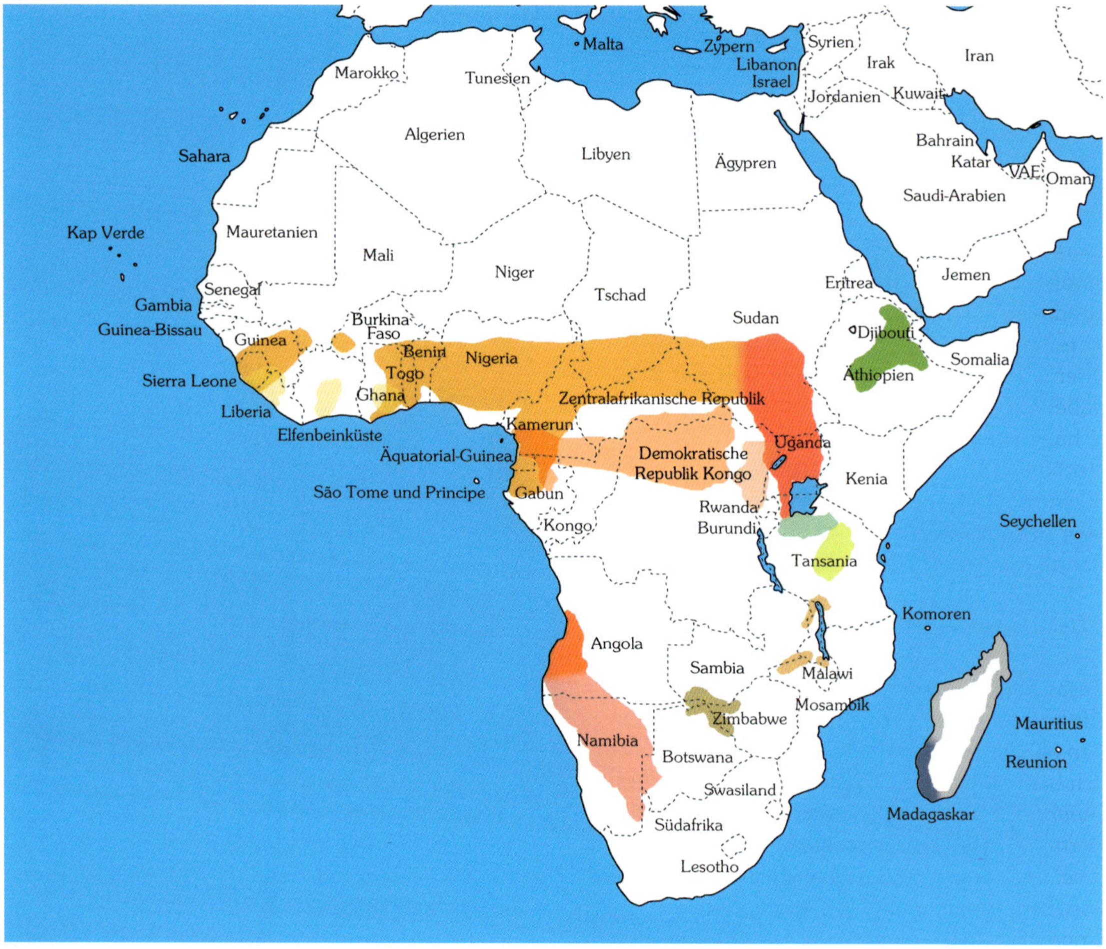

Die Verbreitung der Agaporniden in Afrika

Nur die Verbreitungsgebiete von Orangeköpfchen (A. pullarius) und Grünköpfchen (A. swindernianus) überlappen sich großräumig. Alle anderen Arten sind allopatrisch, kommen also nicht im selben Verbreitungsgebiet vor.

Allgemeines

Die Agaporniden sind eine Vogelgruppe, die in den letzten Jahrzehnten sehr populär geworden ist. Diese kleinen Papageien, die ursprünglich aus Afrika kommen, haben das Herz vieler Vogelliebhaber im Sturm erobert. Ob es nun Züchter betrifft oder Liebhaber, die einen einzelnen Vogel als Haustier halten, jeder ist mit Sicherheit begeistert von ihren schönen Farben. Ihr lustiges Verhalten ist für viele Menschen eine angenehme Ablenkung von den alltäglichen Beschäftigungen.

Innerhalb der Gattung (Genus) *Agapornis* gibt es neun Arten. Agaporniden kommen in vielen verschiedenen Farben vor und sind preislich für jeden erschwinglich. Sie sind nicht besonders groß, und das bedeutet, dass sie sogar im Haus gezüchtet werden können. Dies sind zweifellos einige der Gründe, die die Agaporniden so populär gemacht haben. Aber ihre Popularität hat leider auch eine Schattenseite: Denn mancher entschließt sich unbedacht, einen oder mehrere dieser Vögel zu kaufen. In diesen Fällen wird manchmal leider viel zu spät eingesehen, dass Haltung oder Zucht von Vögeln viel mehr ist, als irgendwelche Vögel zusammenzusetzen und ihnen täglich Futter und Wasser zu geben. Will man verantwortlich Vögel halten bzw. züchten, muss man wissen, dass dies schon eine ziemliche Herausforderung ist. Liebhaber brauchen manchmal Jahre, um ihr eigenes „ideales" System zu finden und alles Wissen zusammenzutragen, das nötig ist, um ihr Hobby richtig und erfolgreich ausüben zu können.

Vergessen wir vor allem nicht, dass Vögel lebende Wesen sind, die jeden Tag Versorgung und Aufmerksamkeit brauchen. Selbst wenn es nur um einen einzelnen Vogel geht: wenn Sie nicht genügend Zeit, Aufmerksamkeit und Geld dafür haben, ist es besser für Sie und für die Vögel, dass Sie von ihrem Plan absehen, Vögel zu halten. Denn „Liebhaber", die ihre Tiere vernachlässigen, sind eine Schande für den guten Ruf eines wirklichen Vogelfreundes. Darauf können wir bei der Vogelhaltung gut verzichten. Darum hier nochmals ein alter, aber äußerst wichtiger Ratschlag: Erst denken, dann handeln!

Die Stellung im Tierreich

Zusammen mit der Entdeckung des Kontinentes Afrika lernte die westliche Welt auch die Agaporniden kennen. Die erste Art, die 1778 wissenschaftlich beschrieben wurde, war das Orangeköpfchen (*Agapornis pullarius*). Die letzte beschriebene Form war das Angola-Rosenköpfchen (*Agapornis roseicollis catumbella*). Diese Unterart des Rosenköpfchens wurde erst 1952 in die Wissenschaft eingeführt.

Der Name *Agapornis* leitet sich ab von den griechischen Worten *agapein* (lieben) und *ornis* (Vogel). Die Agaporniden verdanken ihren Namen der Tatsache, dass sie, wenn sie einmal verpaart sind, immer dicht beieinander sitzen und sich gegenseitig regelmäßig kraulen. Im Deutschen spricht man meistens von Agaporniden oder Unzertrennlichen. Im Englischen heißen sie lovebirds, im Französischen les inséparables und im Niederländischen agaporniden oder agapornissen.

Durch alle Jahrhunderte haben Wissenschaftler Tiere beschrieben und versucht, die Arten in bestimmte Klassen und Gruppen einzuteilen. Die ersten Informationen, die darüber bekannt sind, stammen von Aristoteles. Dieser griechische Philosoph lebte von 384 bis 322 vor Christus in Stagira. Er versuchte als erster, eine systematische Einteilung des Tierreichs vorzunehmen. Diese wurde natürlich im Lauf der Jahrhunderte immer wieder angepasst und wenn nötig verändert. Aber es dauerte noch bis zum Jahr 1758, bis die Grundlage der heutigen Namensgebung entstand: Es war der schwedische Gelehrte Carl von Linné (1707 - 1778), der in der zehnten Ausgabe seines Werkes *Systema Naturae* („Einteilung der Natur") ein systematisch geordnetes System ausarbeitete, das als Grundlage der heutigen Einteilung dient. Dabei war es natürlich auch seine Absicht, eine eindeutige Namensgebung zu schaffen, die keinen Raum mehr ließ für Missverständnisse.

Die allgemeine Einteilung des Tierreichs nach Linné sah folgendermaßen aus: vier Klassen mit

Das Orangeköpfchen

war die erste Agaporniden-Art, die wissenschaftlich beschrieben wurde

Biotop des Rosenköpfchens

Fast alle Agaporniden-Arten kommen in eher offenen Biotopen vor. Nur das Grünköpfchen ist vornehmlich Waldbewohner.

rotem Blut (die ersten vier) und zwei Klassen mit weißem Blut (die letzten zwei):

Klasse I: Säugetiere (Mammalia)
Klasse II: Vögel (Aves)
Klasse III: Amphibien (Amphibia)
Klasse IV: Fische (Pisces)
Klasse V: Insekten (Insecta oder Hexapoda)
Klasse VI: Würmer (Vermes)

Diese Klassen wurden dann weiter unterteilt in niedrigere Klassen, die Linné „Ordnung" nannte. Dieses System wurde später durch verschiedene andere Wissenschaftler erweitert, und das führte dann schließlich zur heutigen Unterteilung für die Agaporniden:

Klasse: Aves
Ordnung: Psittacifomes
Familie: Psittacidae
Gattung: *Agapornis*

Früher wurden die Agaporniden allgemein der Gattung bzw. dem Genus *Psittacus* zugeordnet. Erst im Jahr 1836 schuf John Prideaux Selby (1788 - 1867) für sie eine eigene Gattung mit dem Namen *Agapornis*.

Die Gattung Agapornis

Innerhalb der Gattung *Agapornis* gibt es neun Arten. Zählt man die Unterarten hinzu, sind es insgesamt vierzehn Taxa. Diese haben natürlich ebenfalls allesamt einen Namen bekommen. Und auch die Art und Weise, wie diese Namen aufgebaut sind, ist wissenschaftlich determiniert.

Biologen können nicht „einfach so" eine neue Art für die Wissenschaft beschreiben. Die Publikation einer neu entdeckten Art muss eine ganze Reihe von Voraussetzungen erfüllen:

- So muss ein wissenschaftlicher, lateinischer Name gefunden werden, der noch nicht gebraucht wurde.

- Es muss außerdem eine Beschreibung erfolgen, die für Pflanzen und Pilze auch heute noch verpflichtend auf in lateinischer Sprache sein muss.

- Eine dritte wichtige Voraussetzung ist, dass ein Typus-Exemplar angegeben wird. Das ist ein Exemplar, das als Referenzmaterial dienen kann und das in einem Museum oder Herbarium aufbewahrt werden muss.

Der neue Name, der veröffentlicht wird, ist unauflöslich mit diesem Typus verbunden; von daher seine große Bedeutung. Denn wenn es Zweifel über die Identität eines Namens gibt, dann ist letztlich die Untersuchung des Typus-Materials ausschlaggebend.

Der wissenschaftliche Name der Arten ist aufgebaut aus zwei oder drei Elementen. Der erste Teil des Namens gibt das Genus bzw. die Gattung an. Alle Agaporniden gehören also zur Gattung *Agapornis*. Das zweite Element des Namens bildet in Kombination mit dem ersten Teil den Artnamen. *Agapornis roseicollis* ist demnach eine Art.

Rußköpfchen bei der Nahrungsaufnahme

Die Art wird in ihrem kleinen Verbreitungsgebiet mittlerweile als gefährdet eingestuft.

Wenn es innerhalb einer Art noch Unterarten gibt, werden diese mit einem dritten Element angegeben. So ist *Agapornis roseicollis catumbella* eine Unterart von *Agapornis roseicollis*. In der Literatur werden sich oft wiederholende Gattungsnamen abgekürzt, um Platz zu sparen: *Agapornis roseicollis* wird dann zu *A. roseicollis*. Wissenschaftliche Namen werden durchgängig kursiv gedruckt. Und nur der erste Buchstabe des wissenschaftlichen Namens wird groß geschrieben.

Abgesehen von der Tatsache, dass Hobbyzüchter in beinahe jeder (auch regionalen) Sprache ihre eigenen Namen für die gleiche Vogelart haben, werden in der Wissenschaft und auch von vielen Tierliebhabern die wissenschaftlichen Namen benutzt, um die verschiedenen (Unter-) Arten zu unterscheiden. Der große Vorteil dabei ist, dass man so immer sicher weiß, um welches Tier es geht. Ein zweiter und nicht weniger wichtiger Vorteil ist, dass die wissenschaftlichen Namen auf der ganzen Welt dieselben sind. Normale Namen von Tierarten können von Gegend zu Gegend variieren. Durch den Gebrauch der wissenschaftlichen Namen können beim Kauf, Verkauf und Tausch von Tieren oder beim Austausch von Informationen keine Irrtümer entstehen. Im Gegensatz zu anderen Vogelarten werden in verschiedenen Ländern für Agaporniden meist beinahe ausschließlich diese wissenschaftlichen Namen benutzt. Ein Umstand, über den man nur froh sein kann ...

Der Gebrauch von wissenschaftlichen Namen ist allerdings nicht immer eindeutig, denn auch die wissenschaftlichen Namen geben manchmal Anlass zu grammatikalischen Fehlern. Früher sprach man zum Beispiel von *Agapornis personata* anstatt von *Agapornis personatus* und von *Agapornis cana* anstatt von *Agapornis canus*. Es gibt aber im Bezug auf die wissenschaftlichen Namen der Arten Regeln. Allerdings ist das keine einfache Materie. Eine dieser Regeln besagt, dass, wenn der Name der Gattung männlich ist, der zugehörige Art- oder Unterartname (Spezies oder Subspezies) nach der lateinischen Grammatik auf „us" endet und nicht auf „a". *Agapornis* ist eine Zusammensetzung aus den griechischen Worten *agapein* und (dem männlichen) *ornis*. Da nun „*ornis*" männlich

Das Rosenköpfchen

bildet den Übergang zwischen den älteren Formen und der Gruppe mit weißen Augenringen

ist, wird auch der Artname als männlich bestimmt und endet daher ebenfalls auf „us". – Diese Regel gilt jedoch nicht für Namen, die normalerweise auf „i", „ae" oder einen anderen Vokal enden.

Wenn der Gattungsname dagegen weiblich ist wie etwa bei der Gattung *Cacatua* (Kakadus), dann erhalten Art und Unterart ebenfalls die Endung „a"; zum Beispiel *Cacatua galerita*. Das führt bei den Agaporniden zur folgenden Aufstellung:

Agapornis canus (J. F. Gmelin 1788)
  A. canus ablectaneus Bangs 1918
  A. canus canus (J. F. Gmelin 1788)

Agapornis pullarius (Linné 1758)
  A. pullarius pullarius (Linné 1758)
  A. pullarius ugandae Neumann 1908

Agapornis taranta (Stanley 1814)

Agapornis swindernianus (Kuhl 1820)
  A. swindernianus emini Neumann 1908
  A. swindernianus swindernianus (Kuhl 1820)
  A. swindernianus zenkeri Reichenow 1895

Agapornis roseicollis (Vieillot 1817)
  A. roseicollis catumbella B. P. Hall 1952
  A. roseicollis roseicollis (Vieillot 1817)

Agapornis fischeri Reichenow 1887

Agapornis personatus Reichenow 1887

Agapornis lilianae Shelley 1894

Agapornis nigrigenis W. L. Sclater 1906

Agapornis (= Gattungsname) *roseicollis* (= Artname) *catumbella* (= Name der Unterart)

Neben dem Namen der Art stehen auch der Name des Autors und das Jahr, in dem die Art zum ersten Mal beschrieben wurde. Steht der Name des Autors in Klammern, wird damit darauf hingewiesen, dass der betreffende Autor diese Art unter einem anderen Gattungsnamen beschrieben hat. Als Linné zum Beispiel 1758 die Art *pullarius* benannte, tat er das in der Gattung *Psittacus*. Sie hieß damals *Psittacus pullarius* Linné 1758. Linné nannte nämlich alle Papageiartigen *Psittacus*. Erst später, als immer mehr Arten entdeckt und benannt wurden, ergab sich die Notwendigkeit, mehrere Gattungen innerhalb einer Familie zu unterscheiden. Ein gültiger Artname verändert sich dagegen nie. Als damals also die Art *pullarius* einen anderen Gattungsnamen bekam, hieß sie *Agapornis pullarius*. Daher muss Linnés Name jetzt in Klammern geschrieben werden: *Agapornis pullarius* (Linné 1758).

Aufmerksame Leser werden sicher bemerkt haben, dass es trotzdem noch einige Namen gibt, die auf „a" enden, wie etwa *Agapornis taranta*, und bei denen die Endung nicht verändert wird. Das kommt daher, dass der Name dieser Art auf einen geographischen Ort hinweist. Diese Agapornidenart (*A. taranta*) wurde am Taranta-Bergpass in Äthiopien entdeckt. Genauso der Name *Agapornis roseicollis catumbella*: Catumbella ist der Name einer Stadt in Angola, in deren Umgebung diese Vögel gesehen wurden. Es ist also nicht einfach.

Das „International Committee for Zoological Nomenclature" (I.C.Z.N.) in London ist das offizielle Organ, das die Listen der wissenschaftlichen Namen führt (siehe auch http://www.iczn.org/).

Wie konnte es dann passieren, dass diese Namen im Lauf der Zeit anders formuliert wurden? Die ersten Schriften über Agaporniden geben alle noch die richtigen lateinischen Namen an. W. T. Greene (1884 – 1887) benutzte in seinem Buch „Parrots in captivity" auch die Namen, die auf „us" enden. Auch Karl Ruß (1901) benutzte die richtigen Bezeichnungen und schrieb die Artnamen von *Agapornis* am Ende mit „us". Danach wurden allerdings, wahrscheinlich aufgrund von Schreibfehlern (die später von anderen einfach übernommen wurden) viele Jahre lang die Namen *cana*, *pullaria*, *swinderniana* und *personata* geschrieben. Aber gegenwärtig werden – was die Agaporniden betrifft – in der modernen europäischen Vogelliteratur die korrekten wissenschaftlichen Namen benutzt.

Man kann natürlich nicht verlangen, dass in Liebhaberkreisen und in der Umgangssprache jedes „*personata*" sofort durch „*personatus*" ersetzt wird. Worauf man aber Wert legen muss, ist, dass in wissenschaftlichen Veröffentlichungen und bei Bewertungskarten auf Ausstellungen durchaus die korrekten Namen benutzt werden. Aber leider werden Namen wie *fischeri* (was zurückgeht auf Gustav Adolf Fischer) noch oft verfälscht zu „ficheri", „fischerie" oder „ficherie". Auch der Name *roseicollis* ist manchmal ein Problem und wird zu „rosei colli", um gar nicht von dem (im Niederländischen) häufiger zu findenden „roze collie" oder „rose collis" zu sprechen. So etwas darf eigentlich nicht mehr vorkommen: Wenn man über einen Vogel schreibt, muss man in jedem Fall wissen, wie man den Namen buchstabiert.

Verwandtschaftsverhältnisse und Taxonomie

Die Taxonomie ist innerhalb der Biologie die Wissenschaft, die sich mit dem Beschreiben, Einteilen und Benennen von Organismen, also auch von Vögeln, beschäftigt. Wo Vögel früher nur „nach Augenschein" beurteilt wurden, kann sich die Wissenschaft in den letzten Jahrzehnten auf DNA-Untersuchungen berufen. Durch die Zunahme an Wissen bekommt man manchmal andere und zutreffendere Einsichten, wodurch die gegenwärtige Taxonomie immer wieder angepasst werden muss. Das ist nicht neu. So gab es früher beim Orangeköpfchen eine Unterart *Agapornis pullarius guineensis* (siehe Moreau, 1948). Aber diese wurde schon im Jahr 1950 von der Liste gestrichen. In jüngster Zeit wurden einige Arten neu untersucht, und das hat bei der Gattung *Agapornis* zu kleineren Anpassungen geführt. Während man früher bei *Agapornis taranta* auch noch die etwas kleinere Unterart *Agapornis taranta nanus* anerkannte, wird diese Unterart jetzt weggelassen. Die meisten Züchter hatten schon lange ihre Zweifel über die Gültigkeit dieser Unterart, aber jetzt hat die Wissenschaft das offensichtlich auch bestätigt.

Die neun Arten innerhalb der Gattung *Agapornis* sind:

Agapornis pullarius
Agapornis canus
Agapornis taranta
Agapornis swindernianus
Agapornis roseicollis
Agapornis personatus
Agapornis fischeri
Agapornis nigrigenis
Agapornis lilianae

Ein Teil dieser Arten hat auch Unterarten, sodass schließlich vierzehn verschiedene Agaporniden-

Das Grünköpfchen

ist der „große Unbekannte" unter den Agaporniden – trotz großer Bestände im Freiland

Verwandtschaftsbeziehungen der Agaporniden

Die älteren Arten sind fast allesamt geschlechtsdimorph, die jüngeren Arten sind monomorph (Gruppe mit weißen Augenringen)

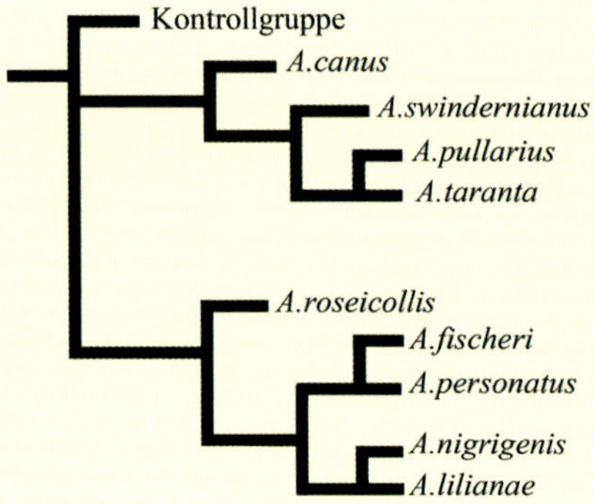

nach Racheli (1999)

Formen unterschieden werden können. Die neun Arten werden in drei Gruppen unterteilt:

Die erste Gruppe ist die sogenannte sexuell dimorphe Gruppe, oder einfacher gesagt: die Gruppe, bei der es deutlich erkennbare äußere Unterschiede im Federkleid von Männchen und Weibchen gibt.

Sexuell dimorphe Gruppe

A. canus
A. taranta
A. pullarius

Die zweite Gruppe ist gewissermaßen eine Übergangsform zwischen der sexuell dimorphen Gruppe und der dritten Gruppe. Bei den zwei hierzu gehörenden Arten gibt es allerdings keine äußerlichen Unterschiede zwischen Männchen und Weibchen. Über *A. swindernianus* ist ganz wenig bekannt. In ihrem ursprünglichen Lebensraum halten sie sich überwiegend in den Baumkronen auf und werden darum nur selten gefangen. Es gibt daher praktisch keine Berichte von Exemplaren in Menschenobhut. *A. roseicollis* ist zurzeit der populärste Agapornide. Bei dieser Art sind auch die meisten Mutationen aufgetreten.

Übergangsgruppe

A. swindernianus
A. roseicollis

Zum Schluss die dritte Gruppe, nämlich die Gruppe mit den weißen Augenringen, manchmal auch „*personatus*-Gruppe" genannt. Alle Angehörigen dieser letzten Gruppe haben die typischen weißen Augenringe gemeinsam. Auch bei ihnen gibt es keinen äußerlich wahrnehmbaren Unterschied zwischen Männchen und Weibchen. Kreuzungen innerhalb dieser Gruppe brachten fruchtbare Bastarde hervor. Das hat den Vorteil, dass man Mutationen von der einen zur anderen Art übertragen kann, aber (und dieses „aber" ist hier nur allzu recht angebracht!) unüberlegte Kreuzungen bringen lediglich wertlose Bastarde hervor und sind eine Gefahr für die Reinheit der Arten! Davon ist also abzuraten.

Gruppe mit weißen Augenringen

A. personatus
A. fischeri
A. nigrigenis
A. lilianae

Kladistische Analyse der Gattung Agapornis

Kladistik ist ein Zweig der Wissenschaft, der in der systematischen Biologie genutzt wird. Man versucht hier, die evolutionsbedingten Beziehungen zwischen den einzelnen Organismen zu klären. Dabei werden so viele Eigenschaften wie möglich von den zu bestimmenden Arten miteinander verglichen. Dies hat in Kombination mit DNA-Untersuchungen in jüngster Zeit schon für eine ganze Reihe neuer Informationen gesorgt. – Natürlich ist es dabei wichtig, welche Merkmale miteinander verglichen werden, und man muss sich auch bewusst sein, dass andere Vergleichskriterien manchmal zu (kleinen) Unterschieden in der Bewertung führen können. Dennoch kann man sagen, dass diese Analysen ein relativ gutes und zuverlässiges Bild ergeben.

Der italienische Wissenschaftler Luigi Racheli hat 1999 eine kladistische Analyse der Gattung *Agap-*

ornis vorgenommen und kam zu folgenden Ergebnissen: Evolutionär gesehen kann man davon ausgehen, dass die heutige Gattung *Agapornis* auf einen gemeinsamen Vorfahren zurückgeht, aus dem sich dann zwei Gruppen entwickelt haben. Diese zwei Gruppen hatten wahrscheinlich einen *canus*-Vorfahren bzw. einen Vorfahren von *roseicollis*. Aus dem primitiven *canus* soll sich dann *swindernianus* entwickelt haben, und aus diesem dann nach und nach *pullarius* und *taranta*. (Man schätzt, dass das vor ungefähr 5 bis 10 Millionen Jahren passiert sein muss.) Aus dem *roseicollis*-Vorfahren soll sich mit der Zeit der heutige *roseicollis* entwickelt haben und danach *personatus, fischeri, lilianae* und *nigrigenis*. Diese letzten vier werden von den meisten Wissenschaftlern als „allopatrische Superspezies" (Sibley & Monroe, 1990) angesehen. Das bedeutet, dass diese Arten ganz eng miteinander verwandt sind und einen gemeinsamen Vorfahren haben, aber im Lauf der Evolution geographisch voneinander getrennt wurden und so ihre je eigenen Merkmale entwikkelt haben. Die Tatsache, dass Kreuzungen zwischen diesen vier Arten fruchtbare Nachkommen hervorbringen, belegt das zudem.

Allgemeine Merkmale der Agaporniden

- Länge: 13 bis 17 Zentimeter
- Lebenserwartung: 12 Jahre
- Geschlechtsreife: nach neun Monaten. Aber es ist besser, mit dem Züchten zu warten, bis ein Alter von einem Jahr erreicht ist (Gefahr von Legenot!).
- Gelege: drei bis sieben Eier. Man sollte die Jungen nie zu lange bei ihren Eltern lassen, denn es kommt oft zu Aggressionen. Wenn man die Jungen kurz vor dem Ausfliegen absetzt, bekommt man sie außerdem leicht zahm.
- Grundfarbe: grün
- Weitere Gefiederzeichnungen: schwarz, gelb, rot und blau
- Herkunft: Afrika
- Anzahl der Arten: neun
- Anzahl der Unterarten: fünf

Anatomie der Agaporniden

1. Schnabel, 2. Wachshaut, 3. Stirn, 4. Scheitel, 5. Hinterkopf, 6. Auge, 7. Augenring, 8. Wange, 9. Hinterhals, 10. Flügeldecken, 11. Schwungfedern, 12. Hinterrücken, 13. Schwanzfedern, 14. Steiß, Kloakenbereich, 15. Krallen, 16. Zehen, 17. Lauf, 18. Bauch, 19. Unterbrust, 20. Oberbrust, 21. Kinn

- Wissenswertes: *A. swindernianus* ist noch nie nach Europa eingeführt worden. Die häufigsten Arten in menschlicher Obhut sind *A. roseicollis, A. personatus* und *A. fischeri*. Dagegen kommen *A. lilianae, A. nigrigenis, A. taranta* und *A. canus* weniger oft vor. Eine in der Vogelhaltung nur sporadisch vorkommende Art ist *A. pullarius*.

Das Grauköpfchen

Agapornis canus (Gmelin 1788)

Das Grauköpfchen gehört zur sexuell dimorphen Gruppe, der Gruppe mit äußerlichen (Farb-) Unterschieden zwischen Männchen und Weibchen. Neben der Nominatform *A. canus canus* gibt es noch eine weitere Unterart, das Bangs-Grauköpfchen *A. canus ablectaneus*.

Beschreibung der Grauköpfchen-Männchen

Stirn, Scheitel, Wangen, Kinn, Vorderhals und Oberbrust sind perlgrau, die Augen dunkelbraun mit heller Iris, der Oberschnabel ist hornfarben und der Unterschnabel grau. Unterbrust, Flanken, Bauch und Kloakenbereich sind hellgrün, der Rücken zeigt ein etwas dunkleres Grün als der Rest des Körpers. Die Großen Unterflügeldecken sind schwarz, die Schwingen dunkelgrau mit grünlichen Außenfahnen. Der Hinterrücken und die Oberschwanzdecken sind etwas dunkler im Grünton als das Körpergefieder. Die Unterschwanzdecken sind hellgrün. Die Schwanzfedern sind an der Basis gelblich grün, übergehend in eine schwarze Querbänderung. Die Schwanzspitzen sind grün. Die Füße sind hellgrau, die Krallen dunkelgrau.

Beschreibung der Weibchen

Sie sind wie die Männchen gefärbt, aber Stirn, Scheitel, Wangen und Kinn sind deutlich gräulich grün, Vorderhals und Oberbrust hellgrün. Die Großen Unterflügeldecken sind hellgrün, die Schwingen dunkelgrau mit grünlichen Außenfahnen.

Links: Grauköpfchen-Männchen

Die Graufärbung der Männchen variiert je nach Unterart

Beschreibung der Jungvögel

Die Jungvögel ähneln den Eltern. Allerdings zeigen die Männchen einen grünlichen Anflug im Nacken. Bei einigen Vögeln ist auch der gesamte Kopf grün. Der Schnabel ist an der Basis grau gefärbt.

Lebensweise und Verbreitung

Das Grauköpfchen wird hauptsächlich in den Küstengebieten von Madagaskar angetroffen. Das Grauköpfchen ist in freier Wildbahn in den offenen Laubwäldern an den Hängen entlang der Küste zu finden. Sie leben in Gruppen, sind jedoch keine Schwarmvögel, und ernähren sich ausschließlich von Grassamen. In der Brutzeit sondern sich die Paare meist vom Rest der Gruppe ab. Die Vögel nisten in Baumhöhlen, wobei sie Holzstückchen oder Gras als Nistmaterial verwenden. Dieses Material trägt das Weibchen zwischen seinen Federn ein. Vermutlich gibt es nur eine Brut pro Jahr.

Weibliches Grauköpfchen

Die Weibchen sind im Gegensatz zu den Männchen fast vollständig grün.

Grauköpfchen

Auf Madagaskar sind Grauköpfchen noch ausgesprochen häufig anzutreffende Vögel ...

... die regelmäßig bei der Nahrungssuche auf dem Boden beobachtet werden können (Seiten 20/21)

oben: Ein Paar füttert seine Jungen

links: Lebensraum der Grauköpfchen auf Madagaskar; die Art bewohnt vor allem die offenen Laubwälder der Insel

Neben Madagaskar soll es auch noch auf einigen Seychellen-Inseln Grauköpfchen gegeben haben. (Die Seychellen liegen im Nordosten von Madagaskar). Es wurde im Lauf der Jahre versucht, Grauköpfchen auf anderen Inseln in der Umgebung auszusetzen. So wurden Grauköpfchen auf den Komoren-Inseln, auf Mauritius und der Insel Mayotte freigelassen. Nur auf den Komoren und Mayotte hat man später Brutresultate festgestellt. Auf Mauritius verschwand diese Art nach einiger Zeit.

In der Vergangenheit wurden die Vögel manchmal in großer Anzahl gefangen und exportiert. Es gibt heutzutage aber (glücklicherweise) keine Hinweise darauf, dass die Art in freier Natur bedroht ist.

Ursprung

Agapornis canus ist die einzige Agapornidenart, die nicht auf dem afrikanischen Festland vorkommt. Die Art wurde 1788 zum ersten Mal durch Johann Friedrich Gmelin (1748-1804) in seinem „Systema Naturae per Regna Tria Naturae, Secundum Classes, Ordines, Genera, Species, Cum Characteribus, Differentiis, Synonymis, Locis." beschrieben.

A. canus gehört zur Gattung der Agaporniden, wird aber als Übergangsform zur Gattung *Loriculus* (Fledermauspapageien) angesehen. Grauköpfchen sind ungefähr vierzehn Zentimeter groß. Das Männchen hat den typischen perlgrauen Kopf, Nacken und Brust. Ansonsten ist es überwiegend grün. Das Weibchen ist beinahe vollständig grün, mit einem grauen Schimmer auf den Federn. Unabhängig von den spezifischen Farbunterschieden besitzen alle Männchen schwarze Unterflügeldecken. Bei den Weibchen sind diese Federn grün.

Die einzige bekannte Unterart neben *A. canus canus* wurde erst 1918 im Morondava-Delta im Südwesten von Madagaskar entdeckt und von Outram Bangs (1863-1932) im „Bulletin of the Museum for Comparative Zoology, at Harvard College in Cambridge" beschrieben. Bei *A. canus*

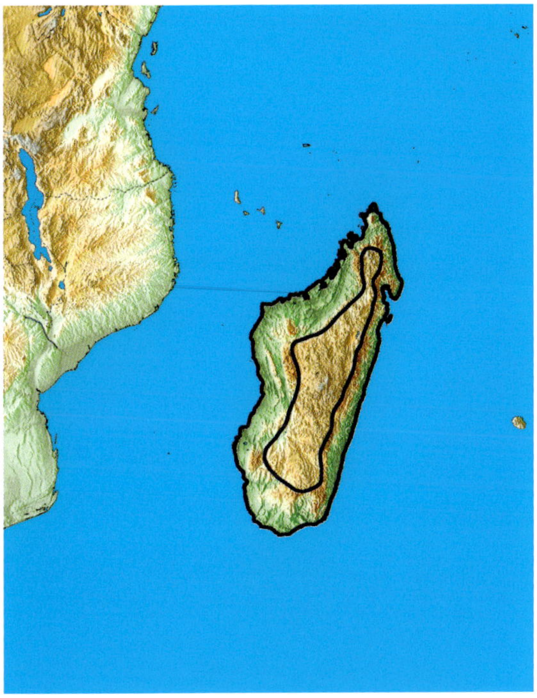

Verbreitungskarte

Die Art kommt vorwiegend in den Küstenregionen und im Tiefland von Madagaskar vor.

ablectaneus sind Kopf, Nacken und Brust der Männchen tiefer grau gefärbt, mit einer ins Violette gehenden Schattierung. Die allgemeine Körperfarbe ist dunkler grün. Das Weibchen ist wie das Männchen etwas dunkler gefärbt. Es ist sehr unwahrscheinlich, dass diese Unterschiede bei Vögeln, die heute in Gefangenschaft gezüchtet werden, noch festzustellen sind.

Die Zucht des Grauköpfchens

Die Haltung von Grauköpfchen stellt (wie bei den anderen Agaporniden-Arten) keine besonderen Anforderungen. Diese Vögel können in Volieren oder in Käfigen gehalten werden. Es ist allerdings wichtig, dass die Vögel einen frostfreien Raum zur Übernachtung haben, in den sie sich bei kalten Temperaturen zurückziehen können.

Bei der Zucht von Grauköpfchen muss man ein wenig experimentieren. Denn es ist mit Sicherheit kein Vogel für einen ungeduldigen Liebhaber. Grauköpfchen lassen sich durch nichts dazu be-

Grauköpfchen

Weibchen an einem Lorbeerzweig

Aus den Blättern werden feine Streifen geknabbert, die dann als Nistmaterial in die Schwanzfedern gesteckt werden (Bilder rechts)

wegen zu brüten. Sie brüten nur, wenn sie es wollen. Man darf darum nicht annehmen, dass man ein Pärchen zueinander setzt, nach ein paar Wochen ein Nest, Eier oder Junge zu finden sind. Dafür ist sehr viel Geduld nötig. Dennoch gibt es eine ganze Reihe von Liebhabern, die sich auf die Zucht des Grauköpfchens spezialisiert haben und denen sie auch gelingt. Man sagt, dass die Vögel sich am wohlsten fühlen, wenn im Zuchtraum keine anderen Agaporniden-Arten gehalten werden. Wirkliche Beweise dafür fehlen aber. Es hängt wohl eher von der richtigen Haltung, Fütterung und von der Qualität der Altvögel ab. Wenn man junge Vögel aus einem Stamm kauft, der schon ausreichend domestiziert ist und viele gute Zuchterfolge hervorgebracht hat, hat man natürlich viel mehr Chancen, als wenn man mit Importvögeln anfängt.

Die Verwendung von Nestmaterial variiert von Liebhaber zu Liebhaber. Manche geben ihren Agaporniden einen normalen Nistkasten, nur mit Torf als Bodenbedeckung, während andere einen tiefen Nistkasten für Wellensittiche mit Kokosfasern als Nestmaterial anbieten. Die besten Resultate erreicht man jedoch mit Lorbeerblättern (*Prunus nobilis*) im Nest. Die Lorbeerzweige werden auf den Boden des Käfigs gelegt und die Weibchen knabbern feine Streifen aus den Blättern. Damit bedecken sie den Boden des Nistkastens und legen dann ihre Eier darauf. Die weißen Eier werden neunzehn Tage bebrütet.

Grauköpfchen sind bis zu einem gewissen Maß stressempfindlich. Darum kann man nur dazu raten, die Vögel während der Brut so wenig wie möglich zu stören. Nestkontrollen sollte man tunlichst dann durchführen, wenn die Weibchen sich außerhalb des Nestes befinden. Wenn Grauköpfchen während der Brut aufgeschreckt werden, fliegen sie in Panik vom Nest, und dabei kommt es oft vor, dass die Weibchen mit ihren Krallen die Eier beschädigen. Diese sind damit natürlich unwiederbringlich verloren.

Zuchtpaar des Grauköpfchens

Diese Art ist nicht so leicht zur Zucht zu bewegen; bis zu einem gewissen Grad sind sie auch stressanfällig.

Links ein Grauköpfchen-Gelege

Junge Grauköpfchen verlassen nach sieben Wochen das Nest und werden dann noch zwei Wochen durch die Eltern gefüttert. Danach können die Jungen für sich alleine gesetzt werden; am besten in einer sehr ruhigen Umgebung, um Stress zu vermeiden. Der Unterschied zwischen den Geschlechtern ist schon nach drei bis vier Wochen zu sehen.

In den Niederlanden gibt es einen Züchter, dem es schon seit Jahren gelingt, Grauköpfchen auf relativ schnelle Art und regelmäßig zu züchten. Was bei ihm auffällt, ist dass er im Zuchtraum sehr viele (nicht-giftige) Zimmerpflanzen stehen hat. Nach Aussagen des Züchters sorgen diese für eine bessere Atmosphäre, weil die Pflanzen die Luft säubern. Ob das der Grund seines Erfolges ist? Fakt ist: Selbst wenn es nichts nützt, so schadet es doch nicht.

Mutationen beim Grauköpfchen

Bis heute sind keine Mutationen von *A. canus* bekannt. Es gab zwar einmal ein gelbes Exemplar in den USA. Dabei handelte es sich jedoch um ein Weibchen, das nach dem Ausfliegen ein normal grünes Federkleid hatte und erst nach einiger Zeit vollständig gelb wurde. Ob es sich hier um eine Mutation oder nur um eine Abweichung im Federkleid handelte, steht nicht fest, da es von diesem Vogel keine Nachzucht gibt. Die Tatsache, dass das Weibchen ursprünglich die normale grüne Farbe hatte, deutet darauf hin, dass es hier wahrscheinlich nur um eine Abweichung oder eine Modifikation ging (Mutationen sind erblich, Abweichungen oder Modifikationen nicht).

Im Jahr 2003 wurden einige deutlich unterschiedlich gefärbte *canus*-Weibchen geboren. Die Tatsache, dass von diesem Elternpaar nur anders gefärbte Weibchen geboren wurden, deutet darauf hin, dass es sich dabei um eine SL-Mutation (geschlechtsgebundene Mutation) handelt. Vorsichtige Schlussfolgerungen deuten in Richtung einer „Pallid-Mutation". Um über die genaue Art der Mutation hundertprozentige Sicherheit zu haben sind allerdings noch mehr Untersuchungen und Zuchterfolge nötig. Später erhielten wir auch noch die Nachricht über eine vergleichbare Mutation, die bei einem italienischen Züchter entstand. Auch hier ist die Vermutung, dass dort einige „Pallid"-Weibchen geboren wurden. Offensichtlich ist das der erste Nachweis einer Mutation beim Grauköpfchen.

Taranta-Papagei

Agapornis taranta (Stanley 1814)

Im Deutschen spricht man im Allgemeinen vom Berg- oder Tarantapapagei oder auch vom Taranta-Unzertrennlichen. Im Niederländischen sprachen Liebhaber manchmal noch vom Abessijnse agapornis oder bergpapegaai, aber wie bereits erwähnt, werden diese muttersprachlichen Namen wenig oder nicht mehr benutzt und man spricht jetzt einfach vom „taranta". Im Französischen spricht man vom psittacule à masque rouge, und im Englischen vom Abyssinian Lovebird.

Der Taranta-Papagei wurde 1814 in Nordost-Afrika entdeckt. Er kommt aus Mittel- und Ost-Äthiopien und aus Süd-Eritrea. Sir Edward Smith Stanley, der 13. Graf von Derby (1775-1851), benannte die Art nach dem Taranta-Bergpass in Äthiopien. Taranta-Papageien sind Bergvögel, die in Höhen von 1600 bis 3800 Meter leben. Da sie an diese großen Höhenlagen gewöhnt sind, können sie nachts ganz gut niedrige Temperaturen vertragen. Aufgrund der verschärften Importbestimmungen für seltene Tierarten werden zurzeit keine Tarantas mehr gefangen. Glücklicherweise sind Nachzuchttiere leicht erhältlich

Vor einigen Jahren sprach man auch noch vom *Agapornis taranta nanus*, der eine Unterart sein sollte. 1931 beschrieb Neumann diese Unterart, die er in Nord-Äthiopien entdeckt hatte. Weil er überzeugt war, dass diese Vögel kürzere Flügel und einen etwas kleineren Schnabel hätten, nannte er sie *nanus* (klein). In der heutigen Taxonomie wurde diese Unterart von den Taxonomen aus der offiziellen Liste der Gattung *Agapornis* gestrichen, weil die angeführten Argumente von Neumann unzureichend sind.

Links: Taranta-Papagei

Die Männchen sind eindeutig an ihrer leuchtend roten Stirn zu erkennen

A. taranta ist mit seinen siebzehn Zentimetern der größte Vertreter der Agaporniden.

Weibchen des Taranta-Papageis

sind fast völlig grün; nur die Schwungfedern und Schwanzspitzen sind schwarz (daher der englische Name „Black-winged Lovebird")

Beschreibung der Taranta-Papageien-Männchen

Das Männchen hat eine typische rote Zeichnung auf der Stirn, die bis zum Oberkopf läuft, und einen roten Streifen um die Augen. Die großen Schwungfedern sind schwarz und die Flügelränder vom Flügelbug an blauschwarz. Die Unterflügeldecken sind schwarz, ein Merkmal, das bei allen

Ein Taranta-Papageien-Männchen ...

... überprüft, ob es die Bruthöhle gefahrlos verlassen kann

Taranta-Papagei

Am Nistbaum eines Taranta-Papageien-Pärchens

Das Weibchen füttert einen schon fast flüggen Jungvogel

unten: Lebensraum der Tarata-Papageien in Äthiopien

drei Arten der sexuell dimorphen Gruppe vorkommt. Der Schwanz hat am Ende ein schwarzes Band. Der Schnabel ist rot, die Iris braun und die Krallen und Füße sind dunkelgrau. Der Rest des Körpers ist grün.

Beschreibung der Taranta-Papageien-Weibchen

Die Weibchen haben keine rote Zeichnung auf der Stirn, der blauschwarze Flügelrand fehlt und die Unterflügeldecken sind grüngrau. Ansonsten sind sie wie die Männchen gefärbt.

Beschreibung der Jungvögel

Jungtiere sind etwas matter als die Weibchen. Der Schnabel ist gelblichbraun, an der Basis schwarz.

Die Umfärbung geschieht etwa zwischen 3 und 10 Monaten.

Lebensweise und Verbreitung

In der Natur leben Taranta-Papageien in kleinen Gruppen beieinander und schlafen nachts in Baumhöhlen. In der Paarungszeit macht das Weibchen in einer solchen Höhle eine flache, schalenförmige Unterlage aus Zweigen, Ästchen und Blättern. Das Nistmaterial wird vom Weibchen im Kleingefieder eingetragen. Diese Transportmethode ist charakteristisch für die sexuell dimorphe Gruppe und für *A.roseicollis*. Einzigartig für die Tarantas ist jedoch, dass das Weibchen, kurz bevor es die Eier legt, einen Teil seiner Brust und Bauchfedern verliert (möglicherweise selbst ausrupft) und damit die Nistschale auskleidet. Dieses Verhalten kommt bei keiner anderen Agapornidenart vor.

In den ersten Monaten sind sowohl Männchen als auch Weibchen gleichermaßen grün gefärbt. Es dauert manchmal einige Monate, bevor bei den jungen Männchen das typische rote Stirnband zum Vorschein kommt. Man kann aber schon einen Unterschied bei den Unterflügeldecken feststellen. Diese sind beim Weibchen eher graugrünlich, das Männchen hat dagegen eher schwarze Unterflügeldecken.

In der Natur ernähren sie sich hauptsächlich von Grassamen, Beeren und Früchten. Sie mögen auch gerne reife Feigen.

Anschaffung

Kaufen Sie junge Vögel erst, wenn sie nach ungefähr neun Monaten ausgefärbt sind. So läuft man nicht Gefahr, dass man zwei Junge vom selben Geschlecht kauft oder dass die Jungen während der Jugendmauser sterben. Taranta-Papageien sind die einzige Agapornidenart, die erst im zweiten Lebensjahr geschlechtsreif wird, von daher gibt es auch keinerlei Veranlassung für einen voreiligen Kauf der Vögel. Achten Sie bei der Anschaffung vor allem auf die Größe und die Farbe der Krallen. Vögel, die hierin Mängel aufweisen, sind sicher nicht geeignet, um einen guten Stamm mit ihnen aufzubauen.

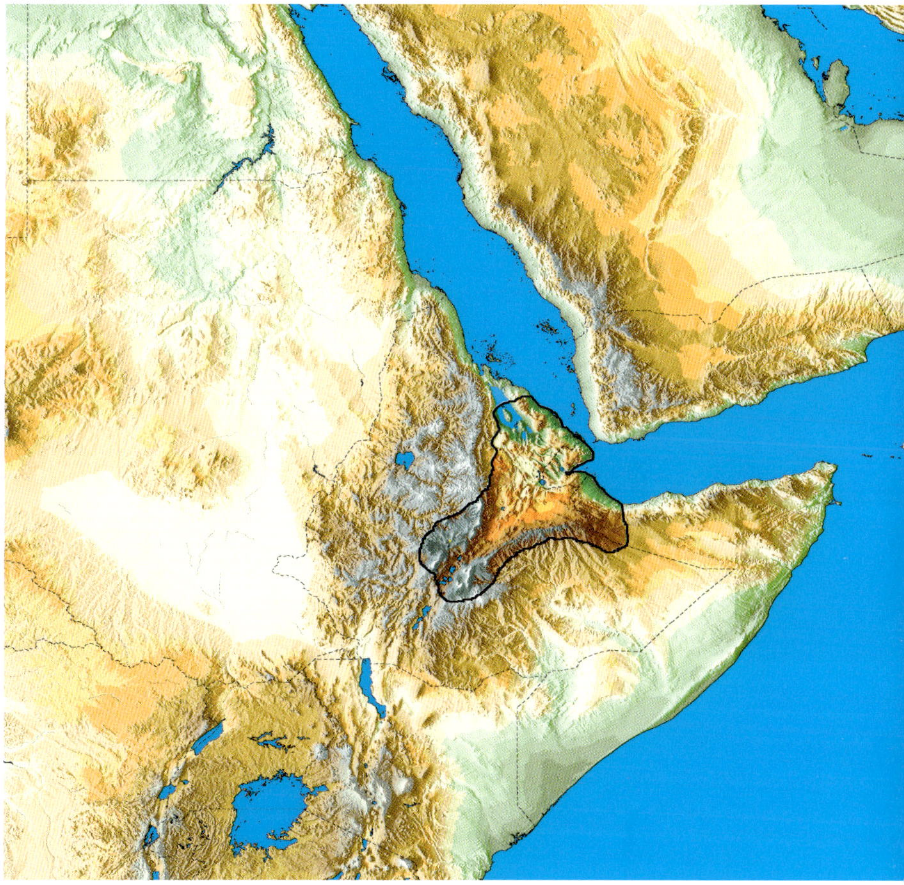

Verbreitungskarte

Der Taranta-Papagei ist ein Vogel des Hochlandes von Äthiopien

Die Zucht des Taranta-Papageis

Taranta-Papageien züchten zwar in Menschenobhut, aber längst nicht so gut wie Schwarzköpfchen oder Rosenköpfchen. Dennoch gelingt es bei manchen Zuchtpaaren immer – und bei anderen nie. Die meisten Pärchen beschränken sich auf eine Brut pro Jahr, während andere zweimal brüten. Früher wurden die Vögel, die nur einmal pro Jahr Junge aufzogen, als Nominatform angesehen, die Pärchen, die mehrere Bruten pro Jahr hatten, hielt man für die Unterart *A. taranta nanus*. Dies

Taranta-Papagei

Die Zucht des Taranta-Papageis ist oft schwierig ...

... da viele Paare gar nicht brüten oder die Jungen während der ersten Lebenstage häufig absterben

scheint aus heutiger Sicht eine falsche Annahme zu sein; mit anderen Worten: Ausnahmen gibt es immer.

Manche Liebhaber sagen, dass Taranta-Papageien am besten in abgetrennten Räumen züchten, in denen sich keine anderen Agaporniden-Arten befinden. Das scheint nicht generell so zu sein, denn es gibt auch Liebhaber, die mit Erfolg im selben Raum züchten, in dem sie auch *roseicollis* und *personatus* halten.

Ein englischer Agapornidenzüchter züchtet sie sogar in Gruppen in der Voliere. Daran sieht man, dass mit einem guten Paar und ein bisschen Glück alles möglich ist. Als Nistmaterial kann man Weiden- oder Palmblätter geben, aber nicht jeder Taranta macht davon Gebrauch. Manche Vögel sind schon mit Hobelspänen zufrieden, andere verwenden überhaupt kein Nistmaterial.

Es gibt auch einen Züchter, der jedes Jahr eine ganze Reihe junger Taranta-Papageien aufzieht. Bei ihm bekommen die Vögel bereits Anfang Januar einen Nistkasten. Dieser Nistkasten ist in zwei gleiche Teile aufgeteilt. Im ersten Teil befindet sich das Einflugloch, und um in den zweiten Teil zu kommen, müssen die Vögel noch durch eine Öffnung von ungefähr fünf Zentimeter Durchmesser. Diesen zweiten Teil stopft er voll mit frischen Weidenzweigen. Das Weibchen macht sich dann wie eine Besessene daran, die Zweige zu zerkleinern. Dabei wird der größere Teil davon aus dem Nest geworfen. Auf dem Boden des Nistkastens bleibt eine dünne Schicht Holzspäne über, auf die die Eier gelegt werden.

Vor der Eiablage ...

verliert das Weibchen einen Teil seiner Brust- und Bauchfedern

Ein anderer Züchter schlägt vor, dass es besser sei, den Taranta-Unzertrennlichen ganzjährig einen Nistkasten zur Verfügung zu stellen. Tarantas lassen sich nicht so leicht eine „Brutzeit" vorschreiben und brüten erst dann, wenn es ihnen passt. Man sieht, man muss immer experimentieren, und kein Paar ist wie das andere.

Wenn Tarantas brüten, ist das größte Problem, dass die Jungen oft während der ersten Lebenstage sterben. Eine eindeutige Erklärung dafür gibt es nicht. Überempfindlichkeit für bestimmte Bakterien und eine schlechte Darmtätigkeit der Jungen sind mögliche Gründe. Eine Lösung des Problems kann darin bestehen, Naturjoghurt mit dem Eifutter zu vermengen. Im Naturjoghurt sind natürliche Lactobazillen enthalten, die die Darmflora mehr oder weniger in Gang bringen. Die Verwendung dieses Joghurts birgt allerdings auch eine Reihe von Risiken. Man muss sicher sein, dass das Produkt frisch ist, denn die Lactobazillen bleiben nur eine beschränkte Zeit aktiv. Außerdem ist Joghurt ein Milchprodukt, das leicht säuern kann. Eine gute Alternative besteht darin, ein Produkt aus dem Laden zu nehmen, das Lactobazillen enthält. Dieses Produkt kann man einfach mit dem Eifutter vermischen. In Züchterkreisen hat es seinen Nutzen schon bewiesen.

Die weißen Eier werden jeden zweiten Tag gelegt, und meistens fängt das Weibchen beim zweiten Ei an zu brüten. Die Brutdauer beträgt ungefähr 25 Tage. Die Jungen haben weiße Dunen, wenn sie aus dem Ei kommen. Nach neun bis zehn Tagen kann man sie beringen. Die Jungen sind wie das Weibchen vollständig grün und haben einen schmutzig gelben Schnabel mit einem schwarzen Fleck auf der Oberseite. Nach ungefähr fünfzig Tagen verlassen die Jungen das Nest. Meistens bleiben sie noch etwa zehn Tage bei den Eltern, bevor sie von ihnen getrennt werden.

Mutationen bei Taranta-Papageien

Bislang sind bei Taranta-Papageien folgende Mutationsformen bekannt: Dunkelfaktor (dark factor), bronze Falbe (bronze fallow), pale Falbe (pale fallow) und Misty

Das Orangeköpfchen

Agapornis pullarius (Linné 1758)

Auch vom Orangeköpfchen kommen zwei Formen vor: die Nominatform *A. pullarius pullarius* und die Unterart *A. pullarius ugandae*. Das Orangeköpfchen wurde im Äquatorialgebiet von Zentral- und West-Zentralafrika entdeckt, wo es auch heute noch zahlreich vorkommt. Die erste Beschreibung der Art finden wir im „Systema Naturae per Regna Tria Naturae, Secundum Classes, Ordines, Genera, Species, Cum Characteribus, Differentiis, Synonymis, Locis.“ von Carl von Linné aus dem Jahr 1758.

Beschreibung der Orangeköpfchen-Männchen

Das Orangeköpfchen ist ungefähr fünfzehn Zentimeter groß. Beim ausgewachsenen Männchen sind die Stirn, der Scheitel, die Wangen und der Brustlatz orangerot. Die Grundfarbe des Körpers ist grün. Brust, Bauch, Flanken und Kloakengegend sind gelblich grün. Der Rücken und die Flügeldecken sind etwas dunkler grün. Die Flügelränder bestehen vom Flügelbug ab aus einer Kombination von schwarzen, dunkelultramarinblauen und einigen himmelblauen Federchen. Die Unterflügeldecken sind schwarz. Die großen Flügelfedern sind dunkelgrau bis schwarz. Der Hinterrücken ist himmelblau. Die Oberschwanzdecken sind grün, die Unterschwanzdecken mehr gelblich grün. Die großen Schwanzfedern, die beinahe vollständig von den Ober- und Unterschwanzdecken verdeckt werden, weisen von der Basis ausgehend eine rot-gelb-schwarze Querbänderung auf. Die Spitzen des Schwanzes sind grün. Der Schnabel ist rot. Die Augenringe werden durch ein schmales Band von kleinen weißen und blauen Federchen gebildet. Die Augen sind dunkelbraun. Die Füße sind grau, die Krallen dunkelgrau.

Links: Orangeköpfchen-Männchen

Die markante Bänderung der Schwanzfedern ist gut zu erkennen. Die sehr hellblaue Färbung des Hinterrückens deutet auf einen Vertreter der Unterart „ugandae“ oder ein noch nicht völlig ausgefärbtes Männchen hin.

Beschreibung der Orangeköpfchen-Weibchen

Beim Weibchen sind Stirn, Scheitel, Wangen und Brustlatz blass orangerot. Außerdem fehlt das Schwarz, Blau und Dunkelultramarinblau der Flügelränder, die grüngelb gefärbt sind. Die Unterflügeldecken sind eher grüngrau.

Orangeköpfchen-Weibchen

Die Maske ist deutlich blasser gefärbt, die Flügelränder sind grüngelb.

Beschreibung der Jungvögel

Jungvögel ähneln den Weibchen, sind aber blasser im Gefieder. Die Maske ist eher gelb. Junge

Orangeköpfchen-Männchen

bei der Nahrungsaufnahme; die Aufnahme entstand in Ghana

Orangeköpfchen

Im Freiland sind Orangeköpfchen noch häufig ...

... und nicht bedroht

Unteres Bild: Es ist die einzige Agaporniden-Art, die in Termitenbauten brütet

Männchen haben bereits schwarze Unterflügeldecken. Die Basis des Schnabels ist schwärzlich.

Herkunft und Lebensweise

Die Nominatform kommt in Zentral-Westafrika von Guinea bis Nord-Angola sowie in Zentralafrika östlich bis Südwest-Sudan und zum Albert-See an der Grenze zwischen Kongo und Uganda vor. Es gibt auch Sichtmeldungen vom Orangeköpfchen auf São Tomé, einer Insel im Golf von Guinea, sowie von Príncipe und Bioko.

Die Unterart *A.pullarius ugandae* wurde, wie der Name schon vermuten lässt, in Uganda entdeckt. Sie lebt im östlichen Zentralafrika von Südost-Sudan und Südwest-Äthiopien südlich bis zum Süden von Burundi. Diese Unterart unterscheidet sich nur in einer Hinsicht von der Nominatform, nämlich durch die blassere blaue Farbe des Hinterrückens. Diese Unterart wurde 1908 von Oscar Neumann (1867-1946) beschrieben.

Orangeköpfchen

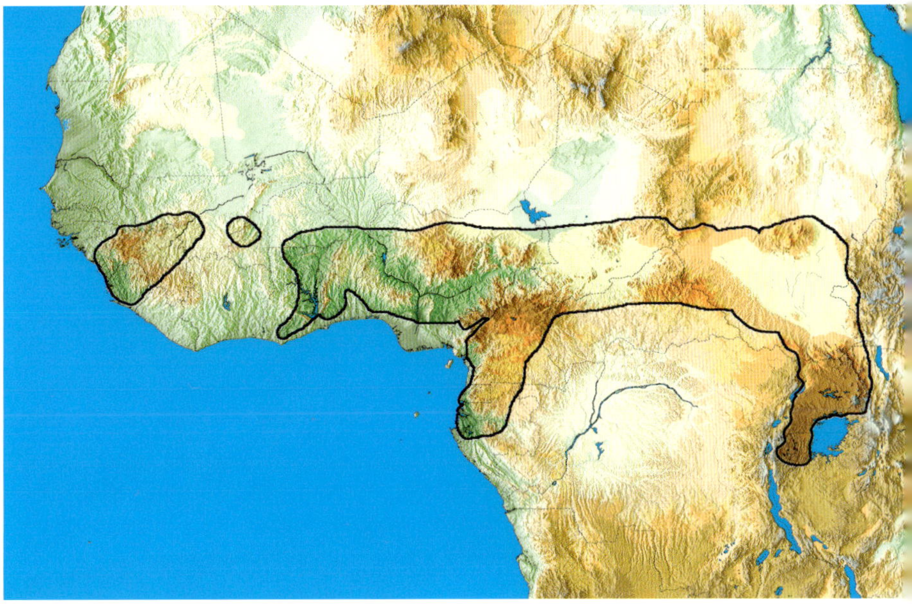

Orangeköpfchen leben in Gruppen von zwanzig bis dreißig Vögeln in wenig bewaldeten Savannen. Sie ernähren sich hauptsächlich von Grassamen, die dort reichlich zu finden sind. Auf diesen ausgedehnten Ebenen befinden sich auch ihre Brutplätze. Im Gegensatz zu den anderen Agaporniden brütet das Orangeköpfchen nämlich nicht in Baumhöhlen, sondern in Termitenbauten. Diese werden von Termiten aus einer Mischung von Speichel, Holz und Sand gemacht. Die kartonartigen Konstruktionen sind manchmal bis zu sechs Metern hoch und befinden sich sowohl auf der Erde wie auch in Bäumen. Ich zitiere hier aus Chapins Buch „Birds of the Belgian Congo“: „Man brachte uns im Oktober in Faradje fünf junge Vögel aus demselben Nest. Sie hatten diese Vögel in einer Höhle in einem großen Termitenhügel auf der Erde gefunden. In West-Afrika fanden Bates und andere Entdeckungsreisende Nester in Termitenhügeln in den Bäumen.“ Das Weibchen gräbt (nagt) einen Gang in so einen Hügel, der in eine Nestkammer mündet. Dort legt es jeden zweiten Tag ein Ei. Erstaunlicherweise lassen die Termiten, die ansonsten sehr aggressiv gegenüber Eindringlingen sind, die Orangeköpfchen in Ruhe. Das hat wahrscheinlich damit zu tun, dass die Vögel ausschließlich die Teile des Hügels beziehen, die nicht von den Termiten benutzt werden.

Manche Quellen geben an, dass Orangeköpfchen auch die Eier der Termiten verzehren. Aber angesichts des aggressiven Charakters dieser Insekten ist das wohl eher unwahrscheinlich.

Der große Vorteil der Termitenhügel ist, dass die Temperatur im Inneren weitestgehend konstant bleibt. Das gibt dem Weibchen auch die Gelegenheit, dem Nest während der Brutperiode manchmal längere Zeit fernzubleiben. Nach ungefähr 23 Tagen schlüpfen die Jungen. Sie kommen im Gegensatz zu anderen Agapornidenjungen nackt aus dem Ei. Die ersten Dunen erscheinen erst nach einigen Tagen. Wie viele Bruten aufeinander folgen, weiß man nicht. Das liegt großenteils an den „geschlossenen“ Lebensumständen innerhalb des Termitenhügels. In der Natur gehen Vögel erst dann dazu über zu brüten, wenn die Umstände optimal sind: ausreichend Nahrung, brauchbare Nistgelegenheiten, ideale Temperaturen, ausreichend Tageslicht usw. Von daher werden wahrscheinlich in freier Natur selten mehr als zwei Bruten nacheinander stattfinden.

Jungvogel des Orangeköpfchens

Die Maskenfärbung ist sehr blass, fast gelb. Der Schnabel ist an der Basis schwärzlich.

Oben: Orangeköpfchen haben ein großes Verbreitungsgebiet

Orangeköpfchen-Zuchtpaar

Der Unterschied der Geschlechter ist auf den ersten Blick zu erkennen.

Die Zucht des Orangeköpfchens

Weltweit gibt es nur eine begrenzte Anzahl von Haltern, denen es gelungen ist, Orangeköpfchen zu züchten. In Belgien, den Niederlanden und Dänemark kenne ich persönlich ein paar, die es geschafft haben, junge Orangeköpfchen auf die Stange zu bekommen. Es gibt auch noch eine Reihe Meldungen in der Literatur, aber wir können davon ausgehen, dass die Anzahl der Zuchterfolge mit diesen Vögeln sehr beschränkt ist.

Einmal bekam ich eine E-Mail von jemand, der davon berichten konnte, dass er vierzehn junge Orangeköpfchen aus drei verschiedenen Nestern gezogen hatte. Wir haben uns schnellstens in Richtung Deutschland auf den Weg gemacht, aber als wir dort dann ankamen, zeigte sich, dass der gute Mann den Unterschied zwischen Orangeköpfchen und Rosenköpfchen nicht kannte und dass wir eine Reise von 350 Kilometer völlig umsonst gemacht hatten. Es wäre wirklich auch zu schön gewesen, um wahr zu sein.

Die Zucht dieser Vögel ist nicht so einfach. Die Orangeköpfchen, die zum Kauf angeboten werden, sind nahezu immer Importvögel. Es ist allgemein bekannt, dass beinahe 95% aller importierten Orangeköpfchen innerhalb kürzester Zeit sterben. Das erste Problem besteht also darin, dass es den Züchtern gelingen muss, eine Anzahl Importvögel am Leben zu erhalten. Und nachdem diese erste Hürde mit viel Geduld überwunden ist, müssen sie versuchen, ein Pärchen mit Erfolg zur Brut zu bringen.

Da die Vögel in freier Natur in Termitenhügeln brüten, müssen diese Umstände im Zuchtraum so gut wie möglich nachgeahmt werden. Weil es hier keine Termitenhügel gibt, hatten die Züchter, die ich kenne, einen großen Nistkasten mit Korkplatten gefüllt, aus dem das Weibchen nach Herzenslust eine Nestkammer herausnagen konnte. Ein Thermostat und eine Heizung unter dem Nistkasten sorgten für eine konstante Temperatur. Auf diese Art gelang es einigen Züchtern, Junge aufzuziehen. Leider stirbt ein großer Teil dieser jungen Vögel nach kurzer Zeit. Eine eindeutige Ursache für dieses Sterben ist nicht bekannt. Dennoch gibt es in jüngster Zeit einige Züchter, die denken, dass die Ursache für den Tod der Jungen möglicherweise im Vorhandensein der Korkplatten zu suchen ist. Und tatsächlich: Wenn wir alles genauer untersuchen, sehen wir, dass alle Züchter ihre Vögel völlig unterschiedlich füttern. Das Einzige, das überall gleich ist, ist der Gebrauch von Korkplatten im Nistkasten. Das Nagen am Kork könnte bei den Jungen für zu viel Staub sorgen, wodurch sie später Lungenprobleme bekommen.

Es gibt Berichte, dass ein Züchter eine Konstruktion aus Lehm gemacht und den Gang zur Nisthöhle mithilfe einer Plastikröhre konstruiert hat. Diese Röhre geht bis zum Eingang des Nistkastens, so dass das Weibchen nur durch diese Röhre graben kann. Die Röhre wird mit weichem Lehm, Holz- und Papierstücken angefüllt. Das Weibchen soll dann den Gang hindurch graben, und am Ende des Ganges befindet sich eine vom Züchter angefertigte Nisthöhle aus verhärtetem Lehm.

Wenn der Gang einmal fertig ist, kann kein weiterer Staub mehr entstehen (der Gang kann ja nicht weiter ausgegraben werden, da die harte Plastikröhre das verhindert und die Nisthöhle schon fertig ist). Dies scheint zu verhindern, dass die Jungen später Probleme bekommen. Ob das so stimmt, muss jedoch noch bewiesen werden.

Außerdem ist natürlich eine sehr gute Hygiene im Zuchtraum wichtig, in Kombination mit einer möglichst ruhigen Umgebung. Wenn die Jungen nach etwa vierzig Tagen ausfliegen, tut man gut daran, sie möglichst wenig umzusetzen. Sie sollten so lange wie möglich bei den Eltern gelassen werden. Mit anderen Worten: Vermeiden Sie bei den Vögeln jeglichen Stress!

Aufgrund all dieser Schwierigkeiten sind Orangeköpfchen sicher nicht für einen Anfänger geeignet. Überlassen Sie diese schwierige Aufgabe lieber erfahrenen Züchtern. Koloniezucht ist möglicherweise doch eine Art, um schnell Orangeköpfchen zu züchten. Eine geschützte Voliere, in der sie sich den Blicken der Menschen entziehen können und innerhalb des Schwarms ihren Partner frei wählen können, ist möglicherweise ebenso eine Möglichkeit. Vergessen Sie vor allem nicht, dass es kaum noch möglich ist, Importvögel zu bekommen. Importe in die EU sind zurzeit untersagt, und man muss auf Nachzuchten zurückgreifen. Die sind jedoch Mangelware.

Mutationen beim Orangeköpfchen

Im Buch Agaporniden von Brockmann und Lantermann (1981) wird von einem Lutino-Orangeköpfchen in Südeuropa berichtet. Höchstwahrscheinlich wird es von diesem Vogel angesichts der schwierigen Zuchterfolge keine Nachzucht geben. 1979 wurde von Hayward zum ersten Mal ein blaues Orangeköpfchen beschrieben. Dies erweckte bei vielen Züchtern den Eindruck, dass es schon einen blauen Vogel gab. Ich zitiere wörtlich aus der neubearbeiteten Version von Hayward (2001): „A blue variety would be most attractive with bright sparkling blue replacing the green, white instead of red on the face, black areas on the cock's shoulders and underwings retained, and bills changed to fleshy pink." – „Eine blaue Mutation wäre äußerst attraktiv mit einer hell leuchtenden blauen Farbe anstelle des Grüns und einer weißen Maske anstelle von Rot ...". Mit anderen Worten: Es ist lediglich eine Beschreibung, wie ein blaues Orangeköpfchen aussehen würde. Es ist nirgendwo die Rede davon, dass es wirklich jemals ein blaues gegeben hat. Ein persönlicher Briefwechsel mit Herrn Hayward hat dies schließlich bestätigt.

Die Zucht von Orangeköpfchen ist nicht einfach ...

und erfordert nicht nur spezielle Nistkasten-Konstruktionen (links), sondern auch einen behutsamen Umgang mit den Jungvögeln (rechts)

Das Grünköpfchen

Agapornis swindernianus (Kuhl 1820)

Von den neun Arten innerhalb der Gattung *Agapornis* ist das Grünköpfchen die einzige Art, von der bis heute nur sehr wenig bekannt ist. Aufgrund der Tatsache, dass diese Vögel nie exportiert wurden und es in ihrem natürlichen Lebensraum auch noch keinerlei Untersuchungen gab, basiert dieses Kapitel auf den Beschreibungen, die die Wissenschaftler und Entdeckungsreisenden damals gemacht haben und auf meinen eigenen Studien von verfügbaren Bälgen.

Während der Erforschung Afrikas im 18. und 19. Jahrhundert arbeiteten die Entdeckungsreisenden im Auftrag der Regierungen und großen Museen. Sie wurden neben Kartographen, die die neu erschlossenen Gebiete in Karten festhalten mussten, auch von Naturkundlern begleitet. Das waren Wissenschaftler, die so viel Informationen wie möglich über die Naturschätze des neuen Gebietes sammeln mussten. Neben Gold, Silber und anderen Bodenschätzen richtete sich ihr Interesse auch auf die lokale Fauna und Flora. Darum wurden möglichst viele Tiere gejagt – mit dem Ziel, sie zu beschreiben, zu katalogisieren und sie für die Wissenschaft ins Heimatland zu schicken. Aus diesem Grund wurden die Naturkundler auch von Taxonomen begleitet oder sie verlegten sich selbst auf das Konservieren und Ausstopfen von Tieren. Fische und Reptilien wurden in Tonnen mit Salzlake konserviert. Vögel und kleine Säugetiere wurden dagegen meistens ausgestopft. Denn so konnten sie gut aufbewahrt werden. Außer knappen Beschreibungen und Informationen über den Fundort wurden ab und zu auch Zeichnungen gemacht. Aber das war eher Ausnahme als Regel. Die Ladungen mit Naturalien wurden, wenn es die Möglichkeit dazu gab, zu den Auftraggebern geschickt, die sie durch Wissenschaftler untersuchen ließen. Diese verglichen dann die Exemplare mit den schon „entdeckten" Arten. Und wenn sich erwies, dass diese Tiere noch nicht beschrieben waren, dann hatten sie die Ehre und das Vergnügen, diesen Arten einen Namen zu geben und herauszufinden, in welche Gattung sie einzuordnen waren.

Wenn man später Unterarten fand, dann wurde die als erste beschriebene Form grundsätzlich als Ursprungsform angesehen. Das geschah auch bei unseren Agaporniden.

Links: Zenkers Grünköpfchen (*Agapornis swindernianus zenkeri*)

Diese Unterart hat das größte Verbreitungsgebiet im Kongobecken und ist im Nackenband eher rotbraun als gelb gezeichnet.

Grünköpfchen (*Agapornis swindernianus swindernianus*)

Die Nominatform hat ein gelbliches Nackenband, das nicht so kräftig gefärbt ist wie bei der Unterart zenkeri

Grünköpfchen

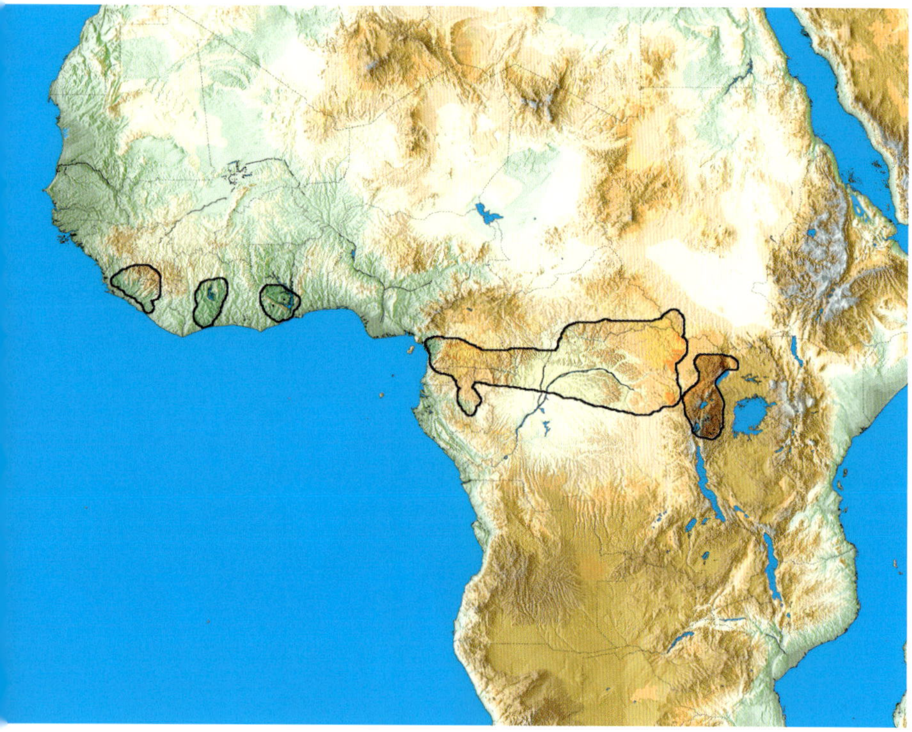

Das Verbreitungsgebiet ...

erstreckt sich über weite Teile West- und Zentral-Afrikas

Die Erstbeschreibung des Grünköpfchens

Die Erstbeschreibung dieser Art geht zurück auf das Jahr 1820. Es war Heinrich Kuhl (1797 – 1821), der als erster *Agapornis swindernianus* beschrieb (Kuhl, 1820). Benannt wurde diese Art von Kuhl nach Professor Theodor van Swinderen von der Universität Groningen. Zum damaligen Zeitpunkt rechnete man das Grünköpfchen noch wie alle anderen Papageien zur Gattung *Psittacus*. Erst im Jahr 1836 stellte John Prideaux Selby diese Vögel in eine eigene Gattung *Agapornis* (Selby, 1836).

Die Unterarten des Grünköpfchens

Für die Beschreibungen der Vögel habe ich das Buch „Parrots of the World – An Identification Guide“ (Forshaw & Knight 2006) und die Beschreibungen von Harry van der Linden (van der Linden 2000) benutzt und sie ergänzt mit meinen persönlichen Notizen, die auf meinem Studium von Bälgen basieren. Diese stammen aus:

- dem British National History Museum, Tring, Großbritannien
- dem Koninklijk Museum Midden Afrika, Tervuren, Belgien
- dem Nederlands Natuurhistorisch Museum Naturalis, Leiden, Niederlande
- der persönlichen Sammlung von Gille Dominique aus Frankreich
- und persönlichem Briefwechsel mit Heinz Schnitker, der Bälge im Zoologischen Museum Berlin und im Überseemuseum Bremen untersucht hat.

Die Nominatform „swindernianus“

Die Nominatform kommt in den Wäldern von Liberia, Ghana und der Elfenbeinküste vor. Viele Ornithologen denken, dass die Nominatform nur in Liberia vorkommt. Aber man hat auch einen Balg von *Agapornis s. swindernianus* in der Sammlung von Alexander Boyd gefunden, der diesen Vogel 1902 „an der Goldküste“ (Ghana) gefangen haben soll, was bedeutet, dass die Art bis Anfang 1900 auch in Ghana zu finden war (Snow 1976). Belegt werden kann dies durch Fotos von Stephane Bocca aus dem Kakum-Nationalpark, der die Nominatform dort fotografierte. Es handelt sich um die Fotos, die in diesem Buch verwendet werden.

Forshaw gibt darüber hinaus die Elfenbeinküste als Verbreitungsgebiet an (Forshaw 2006). Da die Elfenbeinküste zwischen Ghana und Liberia liegt, ist es nur logisch, dass das Grünköpfchen auch dort in den Wäldern vorkommt.

Agapornis swindernianus swindernianus ist ungefähr 13 cm groß. Es gibt keinen Geschlechtsdimorphismus und Männchen und Weibchen sind daher gleich gefärbt. Die Stirn, der Scheitel und der Hinterkopf sind grasgrün. Die Wangen und die Oberbrust sind etwas heller grün. Die allgemeine Körperfarbe ist grün, etwas dunkler und dumpfer auf

Der Budongo-Wald in Uganda …

… ist eines der letzten Rückzugsgebiete des Grünköpfchens in diesem Land

Brust, Bauch und Steiß. Im Nacken befindet sich ein charakteristisches kurzes schwarzes Band, das übergeht in einen ockergelben Kragen, der sich um den ganzen Hals zieht. Die Flügeldecken, der Rücken und die Unterflügeldecken sind grün. Die großen Schwungfedern sind schwarz mit einem grünen Saum an den Außenfahnen. Hinterrücken und Oberschwanzdecken sind dunkel violettblau, die Unterschwanzdecken gelblich grün. Die großen Schwanzfedern, die beinahe ganz von den Ober- und Unterschwanzdecken bedeckt werden, weisen von der Basis an eine orangerote und schwarze Querzeichnung auf und enden in grünen Schwanzspitzen. Der Schnabel ist dunkelgrau, der Oberschnabel zur Basis hin schwarz. Die Augen sind braun, mit einer hell gelben Iris. Die Füße sind grünlich dunkelgrau, die Krallen dunkelgrau.

Ich will noch darauf hinweisen, dass es zur Farbe der Augen und Füße widersprüchliche Informationen gibt. Ein Autor sagt etwa, dass die Iris bei lebenden Exemplaren eher orangerot sei (und wenn man die Fotos von Stephane Bocca gut betrachtet, kann man ihm eigentlich nur Recht geben). Chapin soll irgendwo angemerkt haben, dass man einen verwundeten Vogel gefunden hatte. Die Farbe der Iris war bei diesem Exemplar zunächst orangerot. Aber als das Tier kurz darauf starb, veränderte sich die Farbe der Iris innerhalb kürzester Zeit und wurde gelb. Manche Beobachter geben auch an, dass sich die Augenfarbe der Grünköpfchen von Saison zu Saison verändern kann. So finden wir Beschreibungen, die sowohl über eine graue (Oktober bis Januar), gelbe (Februar bis Juli) als auch orangerote (Juli bis September) Irisfärbung berichten. Auch die Angaben über die Farbe der Füße variieren von gelb bis grau-grünlich (Parkes 1960).

Die meisten Bälge, die ich untersuchen konnte, hatten deutlich dunkelgraue Füße. Aber es gab auch ein paar Standpräparate im Leidener Mu-

Die Unterarten im Vergleich

Der obere Balg ist ein zenkeri-Exemplar, der untere eines von emini

seum, die deutlich blassere Füße hatten. Ich würde diese Farbe aber auf keinen Fall gelb nennen. Außerdem schließe ich nicht aus, dass die Farbe der Füße bei jungen Exemplaren möglicherweise blasser ist. Man muss auch damit rechnen, dass der Konservierungsprozess einen Einfluss auf die Fußfarbe haben kann und diese dadurch dunkler erscheint. Auch darf man nicht vergessen, dass bei Bälgen, die lange künstlichem Licht ausgesetzt sind, die Farbe der Füße ausbleichen kann. (Die dunkle Farbe der Füße wird durch Eumelanin hervorgerufen, und dieses Eumelanin wird unter Einfluss von Licht blasser).

Das Zenkers Grünköpfchen

Zenkers Grünköpfchen ist über Südost-Kamerun, Nordost-Gabun, Nord-Kongo, den Südwesten der Zentralafrikanischen Republik und den Nordwesten der Demokratischen Republik Kongo verbreitet.

Unterhalb des schwarzen Halsbandes befindet sich ein dunkelorangeroter Halskragen. Dieser Kragen erstreckt sich bis auf die Oberbrust und geht von da allmählich in die blassgrüne Farbe der Unterbrust über. Dabei ist er nicht streng abgetrennt und kann sogar auf Nacken und Brust ein fleckiges, willkürlich ausgedehntes Muster aufweisen. Dieses Muster kann von einigen Millimetern bis zu fast einem Zentimeter Breite variieren. Ansonsten ist diese Unterart wie die Nominatform gefärbt.

Das Emins Grünköpfchen

Der Lebensraum des Emins Grünköpfchens erstreckt sich über den östlichen Teil der Demokratischen Republik Kongo bis zum Rand nach West-Uganda. Darüber hinaus soll es auch sporadisch in Feigenbäumen am Rand der Bwamba-Savannen in West-Uganda anzutreffen sein (Turner 1991).

Bei *emini* sehen wir, dass der dunkel orangerote Kragen um den Hals viel weniger ausgebreitet ist und auch dumpfer in der Farbe zu sein scheint. Der Kragen beschränkt sich dabei auf den Nacken und läuft nicht weiter aus bis auf die Oberbrust. Die Farbe des Hinterrückens ist etwas stärker purpurfarben als bei *zenkeri*. Der Schnabel ist mehreren Quellen zufolge stärker gebogen. Die Flügel sind immer etwas kürzer als bei *zenkeri*. Ansonsten sind die Tiere wie die Vertreter von *Agapornis s. zenkeri* gefärbt.

Aufgrund dieser scheinbar geringfügigen Unterschiede wurde die Existenz von *emini* als Unterart regelmäßig in Frage gestellt. Es gab sogar eine Reihe von Ornithologen, die dachten, dass *emini* sich überhaupt nicht von *zenkeri* unterscheidet (Chapin 1939, Moreau 1948). Dennoch gibt es begründeten Anlass, davon auszugehen, dass es sich wirklich um verschiedene Unterarten handelt. So ist nicht nur das dunkelorangerote Nackenband bei beiden Unterarten deutlich unterschiedlich, auch die Länge der Flügel ist ein signifikantes Merkmal. Gemessen von der Flügelspitze der Armschwingen bis zur Flügelspitze der Handschwingen haben wir bei *emini* eine Breite von 23 bis 28 mm. Bei *zenkeri* variiert diese zwischen 32 und 38 mm, also ein auffallender Unterschied von etwa 1 Zentimeter in der Flügellänge (Parkes 1960). Vielleicht hängt diese unterschiedliche Flügellänge auch mit dem Verbreitungsgebiet der zwei Unterarten zusammen. Denn auch geographisch leben *zenkeri* und *emini* offensichtlich in einem deutlich unterschiedlichen Habitat: *zenkeri* ist ein Bewohner des Kongobeckens und verbreitet sich von dort aus weiter bis zur Küste von Gabun. (Das Kongobecken selbst erstreckt sich über die Demokratische Republik Kongo einen großen Teil von Kongo-Brazzaville, den Süden der Zentralafrikanischen Republik, Gabun und Äquatorial-Guinea). Die nachgewiesenen Bälge von *emini* stammen dagegen aus einem höher gelegenen Gebiet, wo die Vögel wahrscheinlich etwas andere Lebensbedingungen haben, bei denen ein kürzerer Flügel von Vorteil ist (Schnitker, schriftl. Mitteilg. 2009).

Die Anmerkung zur unterschiedlichen Schnabelform mag stimmen, aber persönlich habe ich zu wenige Exemplare von *emini* mit *zenkeri* vergleichen können, um den Unterschied signifikant zu erkennen. Es gibt tatsächlich einen geringen Unterschied, aber der ist nicht so deutlich, dass er unmittelbar ins Auge fällt. Persönlich würde ich dieses Merkmal sicher nicht als ausschlaggebendes Argument für das Abtrennen als eigene Subspezies ansehen.

Gedanken zur Entwicklungsgeschichte

Betrachtet man alle bekannten Fakten, dann wage ich zu sagen (und dies ist meine ganz persönliche Hypothese), dass der Ursprung der Art wahrscheinlich im Gebiet von *Agapornis swindernianus zenkeri* liegt. Zunächst einmal fällt auf, dass diese Form das größte sowie das zentrale Verbreitungsgebiet hat. Als zweites Argument möchte ich anführen, dass rote Farbe (die hier im Nackenband auftaucht) genetisch gesehen meistens bei der Ursprungsform vorkommt: Bei Papageienartigen und Finkenartigen sind diverse Mutationen bekannt, bei denen sich das vorhandene Psittacofulvin oder Karotenoid von Rot nach Gelb verändert. Umgekehrt geschieht das praktisch nie. Ich vermute daher, dass die erstbeschriebene Form *Agapornis swindernianus swindernianus* im Lauf der Zeit von *zenkeri* räumlich getrennt wurde und sich dann durch das Entstehen einer Mutation zu einer eigenen Unterart mit einem gelben (statt orangeroten) Nackenband entwickelt hat. Und da das Verbreitungsgebiet heute lediglich aus einigen sehr kleinen Gebieten besteht, denke ich, dass sie mittlerweile als Relikt-Population angesehen werden kann, die vielleicht früher weiter verbreitet war, aber sich mittlerweile beschränkt auf bestimmte Restbestände.

In den Baumkronen sind Grünköpfchen fast nicht zu entdecken

Die Aufnahme verdeutlicht, wie versteckt die zwei Emins Grünköpfchen im Gewirr der Äste und Blätter verschwinden

Es wäre interessant, irgendwann einmal die Probe aufs Exempel machen zu können und einen *swindernianus* mit einem *zenkeri* zu verpaaren, um so zu untersuchen, ob sich diese Merkmale noch weiter vererben. Das wäre dann ein Anhaltspunkt dafür, wie lange diese Gruppen bereits getrennt voneinander existieren und ob meine Theorie stimmt. Aber nochmals: Dies ist meine persönliche Hypothese, und aufgrund der Umstände

Grünköpfchen an der Bruthöhle

Diese seltene Aufnahme entstand im Kakum-Nationalpark, Ghana

scheint es nicht so, dass das jemals getestet werden kann. Aber wer weiß, irgendwann in der Zukunft wird (hoffentlich) eine wissenschaftliche Untersuchung des Genoms des Grünköpfchens diese Theorie bestätigen oder entkräften.

Agapornis swindernianus emini können wir aller Wahrscheinlichkeit nach als eine rezente parapatrische Unterart ansehen, die möglicherweise teilweise noch in Entwicklung ist und von der wir das Endresultat vielleicht noch nicht kennen. Bei der parapatrischen Unterartbildung gibt es eigentlich keine deutliche Grenze zwischen den Unterarten und beide leben meistens in aneinander angrenzenden Gebieten. Aber aus dem ein oder anderen Grund hört zu einem bestimmten Zeitpunkt der Genaustausch zwischen beiden Gruppen auf – sprich: werden die Partner nur noch innerhalb der eigenen Gruppe gesucht. Und im Lauf der Evolution entwickeln sich dann getrennte Gruppen mit eigenen Merkmalen und wir bekommen eine neue Unterart. Die relativ gesehen geringeren Unterschiede zwischen *zenkeri* und *emini* können diese Theorie untermauern.

Lebensweise und Ernährung

Über die Biologie des Grünköpfchens ist so gut wie nichts bekannt. Chapin vermerkte in „Birds of the Belgian Congo“, dass die Brutzeit der Grünköpfchen höchstwahrscheinlich im Monat Juli liegt (Chapin 1939). Bouet seinerseits bemerkte in seinem Buch „Oiseaux de l'Afrique tropicale“ von 1961, dass die Grünköpfchen wie die Orangeköpfchen ihr Nest in Termitenhügeln anlegen. Weitere Informationen über ihr Brutverhalten konnte ich leider nicht finden. Das Foto auf Seite 48 zeigt jedoch ein Grünköpfchen beim Untersuchen einer Baumhöhle, was darauf hinweist, dass die Art auch in Bäumen nistet.

Einer der Gründe, warum man so wenig über diese Art weiß, hat mit ihrem Lebensraum zu tun. Die verschiedenen Unterarten leben in den unzugänglichen Wäldern im Äquatorialgebiet Zentralafrikas. Dort leben die Vögel hoch oben in den Baumspitzen. Chapin gibt an, dass sie nur selten auf dem Boden zu sehen seien. Ganz sporadisch nur hat er kleine Gruppen bemerkt, die sich am Rand dieser Wälder aufhielten. Sie suchten dann Nahrung in den dortigen Dörfern, und meistens taten sie sich gütlich an den vorhandenen Früchten und Feigen. Diese kleinen Gruppen umfassten meist nicht mehr als zehn bis fünfzehn Exemplare.

Nach bisherigem Kenntnisstand leben Grünköpfchen hauptsächlich von Samen, bevorzugt werden offenbar die von Feigen, die ausschließlich in ihrem ursprünglichen Lebensraum vorkommen. Chapin erwähnt, dass Kropf- und Mageninhalt von acht Exemplaren untersucht wurden. Bei sieben Vögeln wurden im Magen Feigensamen gefunden und bei vier auch noch kleine Insekten und ein paar Larven. Bei einem Vogel wurde sogar eine Raupe gefunden. Leider wird nichts über die im Kropf gefundenen Samen gesagt. Wir können jedenfalls daraus schließen, dass im Gegensatz zu den anderen Agaporniden-Arten Grünköpfchen viel tierisches Eiweiß benötigen.

Ein belgischer Missionar, Bruder Jozef Hutsebaut, soll in den 1940er-Jahren einige Grünköpfchen in Gefangenschaft gehalten haben. Nach seinen Ausführungen konnte er sie nur am Leben erhalten, wenn er ihnen Feigen anbot. Eine Samenmischung allein wäre nicht ausreichend gewesen (Moreau 1948). Bruder Jozef Hutsebaut war den größten Teil seines Lebens auf der Katholischen Mission von Buta (Uele) Kongo (Apostolisches Vikariat - Heimatkloster: Abtei Tongerlo) und auch im Seminar von Ibembo (Uele). Vorher war er aktiv in Katanga. Am Ende seines Lebens kehrte er krank nach Katanga zurück und starb in Elisabethstad am 13. Januar 1954 (De Waele 1999, Louette 2009).

Ein Rundgang über Hängebrücken

ermöglicht den Besuchern des Kakum-Nationalparks in Ghana mit etwas Glück den Blick auf Grünköpfchen; die Aufnahme auf Seite 48 entstand hier.

Zum Schluss

Wie man sieht, ist sicher noch nicht das letzte Wort über *Agapornis swindernianus* gesprochen. Aber das erhält unser Hobby spannend. Es ist wohl Utopie zu glauben, dass jemals Grünköpfchen in unsere Zuchtkäfige kommen, denn die Vögel dürfen nicht ausgeführt werden. Glücklicherweise sind sie noch ausreichend in ihrem natürlichen Habitat anzutreffen. Obwohl auch über den Status der Unterarten kaum etwas bekannt ist, scheinen zumindest die beiden östlichen Subspezies derzeit nicht in ihrem Bestand bedroht zu sein. Bei der Nominatform in Westafrika könnte die Situation etwas anders aussehen, dort gehen die Bestände aufgrund von Lebensraumzerstörung möglicherweise zurück. Wichtig für den Fortbestand ist daher der Schutz der ursprünglichen Wälder.

Das Rosenköpfchen

Agapornis roseicollis (Vieillot 1818)

Das Rosenköpfchen wird angesehen als Übergangsform zwischen den Agaporniden der sexuell dimorphen Gruppe und den Agaporniden der *personatus*-Gruppe (mit weißem Augenring). Wieder andere Wissenschaftler glauben, dass das Rosenköpfchen sehr eng mit den Arten der Gruppe mit weißem Augenring verwandt ist und dass sie wahrscheinlich von einem gemeinsamen Vorfahren abstammen (Dilger [1960], Eberhard [1998] und Racheli [1999]).

Diese Art wurde schon 1793 im Südwesten Afrikas entdeckt. Anfänglich dachten die Wissenschaftler, dass sie es mit einer Unterart von *A. pullarius* zu tun hätten. Erst 1817 wurde diese Form als eigenständige Art erkannt und durch den Franzosen Louis Jean Pierre Vieillot (1748-1831) beschrieben. Neben der Nominatform *A. roseicollis roseicollis* gibt es eine weitere Unterart: *A. roseicollis catumbella*. Dieser Vogel wurde erst 1952 als Unterart erkannt und im „Bulletin of the British Ornithologists' Club" durch Frau B. P. Hall beschrieben.

Beschreibung des Rosenköpfchens

Das Rosenköpfchen ist ungefähr sechzehn Zentimeter groß und überwiegend grün gefärbt. Die Maske ist bei der Wildform auf der Stirn dunkelrot und geht allmählich in einen tiefrosafarbenen Ton unterm Schnabel über. Der Hinterrücken ist blau. Der Schnabel ist hornfarben, die Füße sind grau und die Krallen sind dunkelgrau bis schwarz. Männchen und Weibchen sind gleich gefärbt.

Jungvögel haben eine matte, graurosafarbene Maske. Die Schnabelbasis ist dunkel, fast schwarz.

Links: Rosenköpfchen

Die Geschlechter unterscheiden sich bei dieser Agaporniden-Art nicht.

Rosenköpfchen mit intensiv gefärbter Maske

Im Freiland ist dies ein Merkmal der nördlichen Unterart catumbella.

Die Unterart *A. roseicollis catumbella* unterscheidet sich nur wenig von der Nominatform. Sie ist etwas kleiner und intensiver in der Färbung, was sich insbesondere auf der Stirn bemerkbar macht. Die Wangen und die Oberbrust sind kräftiger rötlich gefärbt, der Grünton etwas gelblicher.

Herkunft und Lebensweise

In der freier Natur kommt das Rosenköpfchen in Südwest-Afrika vor, von Südwest-Angola bis zum Oranje-Fluss in Namibia, im Norden von Südafrika und von da zurück nordwärts bis zum Ngami-See in Botswana. Typisch für die Gegend, in der das Rosenköpfchen am häufigsten anzutreffen ist, sind Savannen. Diese ausgedehnten Ebenen sind zu 25 bis 50% mit verschiedenen Grasarten bewachsen. Manche Savannen sind vor allem von diversen Arten von Akazienbäumen geprägt, die verstreut vorkommen. Die am häufigsten anzutreffenden Akazien sind *Acacia erioloba* und *Acacia karroo*. Auf Afrikaans (wie auch im Deutschen) wird *A. erioloba* „Kameldornbaum" genannt. Diese mit Dornen besetzten Bäume haben halbmondförmige Hülsenfrüchte und gelbe mimosen-

Ein Schwarm Rosenköpfchen

hat sich auf einem Baum niedergelassen.

Vorherige Seiten

Die Vögel sind zum Trinken an eine Wasserstelle gekommen (Seite 52/53)

artige Blüten. Der Baum selbst kann bis zu siebzehn Meter hoch werden. *A. erioloba* wurde früher *Acacia giraffae* genannt, weil die Zweige und Blüten bei Giraffen sehr beliebt sind, die sie trotz der scharfen Dornen ausgesprochen schmackhaft finden. Man findet *A. erioloba* vor allem in trockeneren Gebieten. Die *Acacia karroo* wird von der einheimischen Bevölkerung „Süßdorn" genannt. Dieser Baum ist kleiner, kann dennoch bis zu 12 Meter hoch werden. Ebenso wie *A. erioloba* besitzt er die typischen gelben Blüten zu Anfang des Frühlings und sehr viele Dornen.

Die Existenz gewerbsmäßiger Viehzucht-Bauernhöfe garantiert heute in der Regel die lebenswichtige Wasserversorgung der Vögel.

Rosenköpfchen leben in Gruppen von zwanzig bis dreißig Vögeln. Manchmal brüten sie in verlassenen Nestern von Siedelwebern (*Philetairus socius*). Diese Webervögel bauten Gemeinschaftsnester mit dutzenden, manchmal mehr als hundert Brutkammern. Das Rosenköpfchen schreckt nicht davor zurück, die Siedelweber zu vertreiben und einen Teil ihrer Brutkammern in Beschlag zu nehmen. In diese schon vollständig fertigen Nester trägt das Rosenköpfchen kein neues Nistmaterial mehr ein. In Untersuchungen vor Ort hat man jedoch nachgewiesen, dass meistens von Höhlen in Bäumen Gebrauch gemacht wird. Ungefähr 71% der Nester wurden in Höhlen von *Acacia erioloba* angetroffen, und diese Akazienart ist damit bei weitem der populärste Nistplatz. Auch das Vorhandensein von Früchten während der Regenzeit ist sicher mitverantwortlich für die Bevorzugung dieser Baumart. Das Weibchen benutzt als Nestmaterial Rinde, Zweige, Gräser usw. Damit wird ein schalenförmiges Nest gebaut (Ndithia, Perrin, & Waltert 2007).

Die Art und Weise, wie das Nistmaterial transportiert wird, ist nur beim Rosenköpfchen zu finden:

Das Weibchen steckt Streifen von Rinde oder Ästchen zwischen die Federn seines Bürzels und der Oberschwanzdecken. Eigenartigerweise lässt es das Material, das unterwegs auf den Boden fällt, liegen.

Im Jahr 2004 wurden von Prof. Mick Perrin, Henri Ndithia (beide Research Centre for African Parrot Conservation, School of Biological and Conservation Sciences, University of Kwazulu-Natal, Süd-Afrika) und Matthias Waltert (Centre for Nature Conservation, Georg-August-Universität Göttingen, Deutschland) Felduntersuchungen zum Rosenköpfchen in freier Wildbahn durchgeführt. Es gab dreierlei Motivation zu dieser Feldarbeit:

- vor allem die Brutgewohnheiten des Rosenköpfchens in freier Natur zu untersuchen,
- zu untersuchen, welche Nahrung hauptsächlich genutzt wird,
- die Wanderbewegungen der Vögel aufzuzeichnen.

Da man die Zusammenhänge zwischen der Regenzeit und der Brutzeit der Vögel feststellen wollte, dauerte die Feldarbeit von Januar (Sommerregen) bis Anfang August 2004 (Ende der Trockenzeit). Die Untersuchungsergebnisse wurden 2006 und 2007 in der wissenschaftlichen Zeitschrift „Ostrich“ veröffentlicht. Aus dieser Untersuchung geht hervor, dass während dieser Brutzeit etwa 72% aller Nester durch Schlangen und andere Tiere ausgeraubt werden. Das reduziert die Zahl der überlebenden Jungen auf 1,65 pro Nest, ein Faktum, das ausgesprochen beängstigend ist. Ob diese Situation nun die Ausnahme oder die Regel ist, kann diese Studie natürlich nicht sagen. Dafür ging diese Felduntersuchung über einen zu beschränkten Zeitraum. Auch auf die Frage, ob Paare mehrere Bruten aufzogen und/oder die Nester mehrere Male benutzten, konnte aus demselben Grund keine Antwort gegeben werden. Auch über die Anzahl der Vögel, die noch in freier Wildbahn leben, gibt es keine eindeutigen Angaben. Tatsache ist, dass trotz der kleinen Anzahl (registrierter) erfolgreicher Brutresultate das Rosenköpfchen (vorläufig) noch häufig im Südwesten Afrikas vorkommt. Weitere Untersuchungen in der Zukunft sind sicher nötig

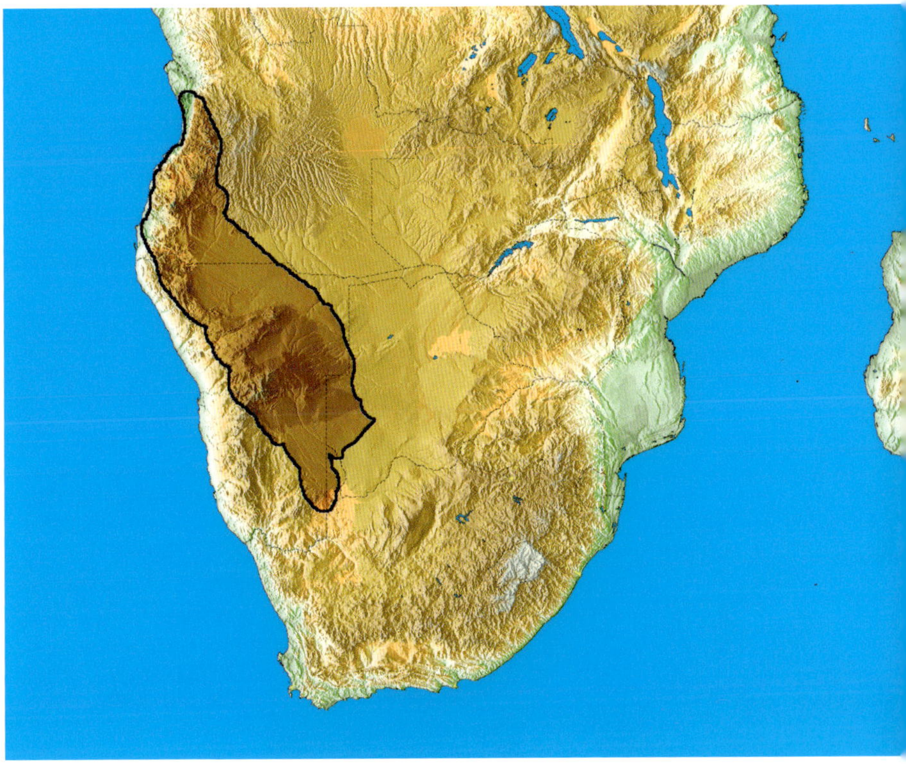

Das Vorkommen der Rosenköpfchen

ist auf Südwest-Afrika begrenzt

Die Zucht des Rosenköpfchens

In Menschenobhut sind Rosenköpfchen eine der Arten, die leicht zum Brüten zu bringen sind. Das hat sie zu einer der populärsten Vogelarten sowohl bei Privathaltern als auch bei Züchtern gemacht. Meistens werden sie paarweise in Brutkäfigen gehalten, aber auch in Volieren ist die Zucht möglich. Wenn Sie es vorziehen, die Vögel in einer Voliere unterzubringen, sorgen Sie dann immer dafür, dass mehr Nistkästen als Zuchtpaare in der Voliere vorhanden sind. Am besten hängen Sie die Nistkästen alle gleich hoch auf.

Setzen Sie die Zuchtpaare vorab in einen eigenen Käfig. Wenn sie einmal aneinander gewöhnt sind,

Beobachtungen in Namibia

Im Oktober 2009 war ich vom Kalahari Bird Club anlässlich des Lovebird Symposium in Vrijburg, Nordwest-Provinz Südafrika, als Gastredner eingeladen. Das war für mich eine ideale Gelegenheit, um anschließend nach Namibia weiter zu reisen, in der Hoffnung, dort einen Eindruck von Rosenköpfchen in freier Wildbahn zu bekommen.

Wir besuchten eine Farm in der Nähe von Mata Mata (25° 46' 16.59" S, 19° 59' 41.13" O), einen Ort 5 km westlich der Toros-Lodge (25° 42' 17,18" S, 19° 55' 45,61" O) und die Gegend am Fuß des Karas-Gebirges (27° 30' 37.57" O, 18° 53' 25.70" S). Mata Mata und die Toros-Lodge liegen in der Nähe der Grenze zu Süd-Afrika und zum Kalahari Transfrontier Park. Die Lodge am Karas-Gebirge liegt 220 km südwestlich von Mata Mata. Dieses Gebiet gehört eindeutig zum Lebensraum der Nominatform *A. roseicollis roseicollis*. Die natürliche Umgebung dieser drei Standorte sind die typischen Savannen. Sowohl bei Mata Mata als auch in der Nähe der Toros-Lodge verläuft der Fluss Auob durch das Gebiet. Der Auob ist das, was man einen „ephemeren Fluss" nennt. Ephemere Flüsse sind meistens ausgetrocknet und führen nur sehr selten Wasser. Vom Auob wird erzählt, dass er nur etwa alle 11 Jahre Wasser führt. In den letzten Jahrzehnten war das in den Jahren 1973, 1974 und 2000. (Engelbrecht, 2009, S. 5). Trotz dieses minimalen Regenfalls hat der Boden dennoch genug Wasser, was die örtlichen Farmer für ihre Belange nutzen. Das Wasser wird dann meistens über Windmühlen nach oben gepumpt und in großen Auffangbecken gespeichert. Diese Trinkplätze für das Vieh sind natürlich auch für die dort lebenden Rosenköpfchen lebensnotwendig.

Kameldornbaum mit Siedelweber-Nestern

In diesen riesigen Nestern nisten auch die Rosenköpchen.

In der Nähe des Flussbettes fanden wir Rosenköpfchen in den Bäumen und Sträuchern. Zum größten Teil waren es Kameldornbäume (*Acacia erioloba*). Es gab aber auch einige wenige „Blasse Kamelakazien" (*Acacia haematoxylon*) in der Umgebung. Wir konnten auch verschiedene Vögel beobachten, die unter den Kameldornbäumen Nahrung suchten. Auf die Entfernung beobachteten wir, dass die Vögel sich an „Quirliger Borstenhirse" (*Setaria verticillata*) gütlich taten. Diese Borstenhirse ist oft unter Kameldornbäumen zu finden. Die Südafrikaner nennen dieses Gras „klitgras" (Klettgras), weil die Ähren sich leicht an Kleidung kletten. Wenn die Pflanzen Samen bekommen, trocknen die Stängel aus und bilden eine „Kugel". Diese ist offensichtlich ein wahrer Leckerbissen für die Rosenköpfchen: Die Ähren werden auseinandergenommen und die Samen gefressen.

Wir beschlossen daraufhin, unsere Suche Richtung Karas-Gebirge im Südosten von Namibia fortzusetzen. Man unterscheidet zwischen dem Groß-Karas-Gebirge im Osten, das bis zu einer Höhe von ungefähr 2200 Metern reicht, und dem westlich gelegenen Klein-Karas-Gebirge, das sich bis zu einer Höhe von rund 1500 Metern erhebt. Es war eine Reise von gut 350 km.

Die Landschaft unterwegs war imponierend. Abhängig von der Niederschlagsmenge im Verlauf eines Jahres gingen die Savannen in Halbwüsten bzw. dünn bewachsene, mit Felsen übersäte Ebenen in der Gegend der Karas-Berge über. Da, wo es mehr Niederschlag gab, zeigte sich das sofort in üppigerer Vegetation und an einigen Bäumen. Wo es weniger Bäume gab, fanden wir dennoch verschiedene Webernester auf Strommasten. Das ist ein eigenartiges Schauspiel. Man kann sich kaum vorstellen, wie diese kleinen Vögel nur mit etwas trockenem Gras und ihrem Schnabel Nester bauen können, die manchmal mehr als zwei Meter Durchmesser haben. Aber ob es in diesen Nestern auch Rosenköpfchen gab, blieb eine Frage, auf die wir noch immer keine Antwort hatten.

Als wir in die Umgebung des Karas-Gebirges kamen, stießen wir auf Arbeiter einer Elektrizitäts-Gesellschaft. Diese Leute ziehen durch die Landschaft, um die Verdrahtung und die Strommasten instandzuhalten. Sie konnten uns erzählen, dass es von den „grünen Sittichen“ durchaus einige Jungvögel in Nestern gab, die sie von bestimmten Masten entfernt hatten. Mehr Informationen hatten sie allerdings nicht. Aber für uns war es zumindest ein erster Hinweis, dass es dort im Oktober wahrscheinlich auch Jungvögel gibt. Später fanden wir dann Nester der Siedelweber, in denen auch Rosenköpfchen mit einer noch blassen Maskenfärbung saßen. Die meisten hatten sogar einen schwarzen Fleck auf dem Schnabel. Deshalb konnten die Vögel höchstens drei Monate alt sein.

Neben den Rosenköpfchen fanden wir natürlich auch Siedelweber im Nest sowie zwei Pärchen Halsband-Zwergfalken (*Polihierax semitorquatus*), eine einzelne Rotkopfamadine (*Amadina erythrocephala*), einen Specht und eine Schlange. Vier Rosenköpfchen nahmen wir aus den Nestern mit, um sie am nächsten Tag genauer anschauen und fotografieren zu können. Dabei handelte es sich um zwei junge Vögel und zwei Vögel, die völlig ausgefärbt waren. (Am Tag darauf wurden sie in unmittelbarer Umgebung ihres Nestes wieder freigelassen.) Von der Größe her waren sie mit etwa 16 cm mit der normalen Wildform des Rosenköpfchens, die wir auch in unseren Käfigen finden, zu vergleichen.

Was bei den beiden Adult-Vögeln unmittelbar auffiel, war ihre Hinterrückenfarbe. War diese bei dem (vermutlichen) Weibchen hellblau, so war sie bei dem anderen Vogel deutlich dunkler gefärbt. Das ließ sich auch ganz eindeutig auf dem Foto festhalten. Im Gefieder insgesamt zeigten sie jedoch keinen Unterschied.

Die Fragen, die sich dann sofort stellen, sind: Handelt es sich dabei um eine normale Farbvariation der Hinterrückenfedern, um einen Farbunterschied, der mit dem Geschlechtsdimorphismus zusammenhängt oder um einen Dunkelfaktor in freier Wildbahn?

Mit Sicherheit konnten wir dagegen feststellen, dass es Mitte Oktober Junge im Alter von ungefähr zwei bis drei Monaten gab. Das bedeutet, dass die Eltern im August mit der Brut begonnen haben müssen. Dann herrscht in diesen Breiten allerdings tiefster Winter und die Temperatur kann nachts unter den Gefrierpunkt sinken, während tagsüber die Temperaturen zwischen 10° und 15° C schwanken. Natürlich muss man sagen, dass die Webernester eine perfekte Isolierung bieten. Bestimmte Quellen geben sogar an, dass die Temperatur in den Nestern durchschnittlich auf einem Niveau von 15° C bleibt.

Die Untersuchung von Professor Perrin hat ausführlich nachgewiesen, dass Rosenköpfchen von Anfang Januar bis August brüten. Aber die Tatsache, dass wir auch im Oktober Junge antrafen, könnte darauf hindeuten, dass die Vögel fast das ganze Jahr über zur Brut schreiten. Und das würde erklären, warum auch angesichts der begrenzten Bruterfolge, die Professor Perrins Untersuchungsteam für die Zeit von Januar bis August 2004 nachgewiesen hatte, die Vögel so zahlreich in ihrem natürlichen Lebensraum vorkommen.

Rosenköpfchen an einem Siedelweber-Nest

Einige der Nistkammern werden von den Agaporniden „besetzt“. Links das Bild eines Jungvogels im Nest.

Rosenköpfchen

Adultes Rosenköpfchen im Nest

Ein normales Gelege besteht aus vier oder fünf Eiern.

können sie zusammen in die Voliere gesetzt werden. Auf diese Art haben Sie die wenigsten Probleme. Was allerdings zu Schwierigkeiten führen kann, ist, wenn sich „Junggesellen" unter den Vögeln befinden. Die Männchen werden dann um ein Weibchen kämpfen, aber auch umgekehrt, ein überzähliges Weibchen schreckt manchmal nicht davor zurück, ihre „Rivalen" anzugreifen und mancher Kampf geht bis zum bitteren Ende. Entfernen Sie Unruhestifter darum sofort aus der Voliere.

Rosenköpfchen benutzen gerne Zweige, um ihre Nester zu bauen. Geben Sie ihnen täglich frische Weidenzweige. Die sind im Normalfall leicht zu beschaffen und ausreichend vorhanden. Natürlich werden, abhängig von der Gegend, in der der Züchter wohnt, verschiedenste Arten von Zweigen verwendet. Es gibt sogar Liebhaber, die auf den Boden des Nistkastens nur einige Holzspäne werfen (dieselbe Art Holzspäne, die dazu benutzt wird, um den Boden der Käfige zu bedecken), und das funktioniert sogar. Allerdings ist das Reichen von Zweigen die natürlichere Art und unterstützt das Brüten.

Sorgen Sie während der Brutsaison auch immer für sauberes Badewasser!

Rosenköpfchen legen wie die anderen Agapornidenarten jeden zweiten Tag ein Ei. Meistens besteht ein Gelege aus vier bis fünf Eiern. Wenn alles gut geht, kommen die Küken nach 23 bis 25 Tagen aus. In der Literatur findet man häufiger eine Brutzeit von 23 Tagen, aber die Erfahrung zeigt, dass das sehr variieren kann. Beim Schlupf haben die *roseicollis*-Jungen der Wildform orangefarbene Dunen.

Die jungen Vögel können nach neun Tagen beringt werden. Sie fliegen nach ungefähr vierzig Tagen aus. Danach werden die Jungen noch vierzehn Tage bei den Eltern gelassen. Es passiert nicht selten, dass das Weibchen die ersten Eier des Nachgeleges schon gelegt hat, während die Jungen gerade noch ausfliegen.

Mutationen beim Rosenköpfchen

Bei den Rosenköpfchen sind folgende Mutationsformen bekannt:

Dunkelfaktor (dark factor)
Violettfaktor
Aqua
SL Ino (lutino SL ino)
Orangemaske (orange face)
Türkis (turquoise)
Rezessiv gesäumt (marbled)
Dilute
Bronze Falbe (bronze fallow)
Pale Falbe (pale fallow)
Zimt (cinnamon)
Pallid
Pale headed
Rezessiv gescheckt (rezessiv pied)
Dominant gescheckt (dominant pied)
Opalin

Viele der oben genannten Mutationen können kombiniert werden, was manchmal zu schönen Resultaten führt. Es kann auch zu einer bunten Farbenansammlung führen, die für einiges an Missverständnissen und Verwirrung sorgen kann. Überlassen Sie das Experimentieren den Liebhabern, die damit viel Erfahrung haben.

Längst nicht alle Farbenkombinationen werden auf Ausstellungen akzeptiert. Merken Sie sich in jedem Fall die goldene Regel: Eine Kombination, bei der die Mutationen nicht mehr deutlich erkennbar sind, ist weder als Ausstellungsvogel noch für die Zucht geeignet.

Jungvögel des Rosenköpfchens

Der Jungvogel links oben ist einen Tag alt, die Jungen darunter sind kurz vor dem Ausfliegen (5 oder 6 Wochen); bei jungen Rosenköpfchen ist der dunkle Schnabel auffallend (Bild rechts)

Das Schwarzköpfchen

Agapornis personatus Reichenow 1887

Diese Agaporniden-Art wurde 1887 in Nordost-Tansania von G. A. Fischer entdeckt, und sie wurde noch im selben Jahr durch Anton Reichenow (1847–1941) beschrieben, und zwar im „Journal für Ornithologie" unter dem Titel: „Dr. Fischer's ornithologische Sammlungen während der letzten Reise zum Victoria Njansa. Mit Benutzung der Tagebücher des Reisenden bearbeitet."

Beschreibung des Schwarzköpfchens

Die Wildform des Schwarzköpfchens ist ungefähr 15 cm groß und hat einen pechschwarzen Kopf, eine gelbe Brust und ein gelbes Nackenband. Rund um die braunen Augen befindet sich der typische weiße Augenring. Die vorherrschende Körperfarbe ist grün, der Flügelbug hat einen gelben Rand, der Bürzel ist mauvefarben (leicht violett mit Gelb vermischt). Der Schnabel ist tiefrot. Die Füße sind grau, die Krallen dunkelgrau.

Es gibt keinen äußerlich erkennbaren Unterschied zwischen Männchen und Weibchen. Weibchen sind allerdings durchschnittlich etwas größer, mit einem kleiner wirkenden Kopf. Jungtiere sind matter gefärbt und haben eine schwärzliche Schnabelbasis.

Herkunft und Lebensweise

Der Lebensraum des Schwarzköpfchens befindet sich in Nord- und Zentral-Tansania, ungefähr sechzig Kilometer nordwestlich von dem des Pfirsichköpfchens. Um den Manyara-See gibt es eine Mischzone mit dem Pfirsichköpfchen.

Schwarzköpfchen sind hauptsächlich in den Höhenlagen zwischen 1000 bis 1500 m zu finden. Ihr Habitat besteht aus Savannen, Grasland mit hier und da ein paar Bäumen und Sträuchern. Ihre Nahrung setzt sich daher auch aus den verschiedensten Grassamen und Beeren zusammen, die dort reichlich zu finden sind.

Die Brutzeit ist während der trockenen Zeiten im März und April sowie von Juni bis August. Das Schwarzköpfchen baut sein Nest in einer Baumhöhle, vor allem von Baobab-Bäumen, aber auch von anderen großen Bäumen sowie in Haus- und Felsspalten und Schwalbennestern. Die Nester werden kugelförmig aus dünnen Zweigen und Rindenstreifen gebaut. Nach der Brutperiode kann man Gruppen von dreißig bis vierzig, manchmal bis zu 80 Vögeln antreffen. Die Schwärme fallen gerne in Hirsefelder ein. Vermutlich gibt es auch jahreszeitlich bedingte Wanderungen auf der Suche nach Nahrung.

Links: Schwarzköpfchen

Das Schwarzköpfchen wurde zusammen mit dem Pfirischköpfchen, das auch sein nächster Verwandter ist, im Jahre 1887 beschrieben.

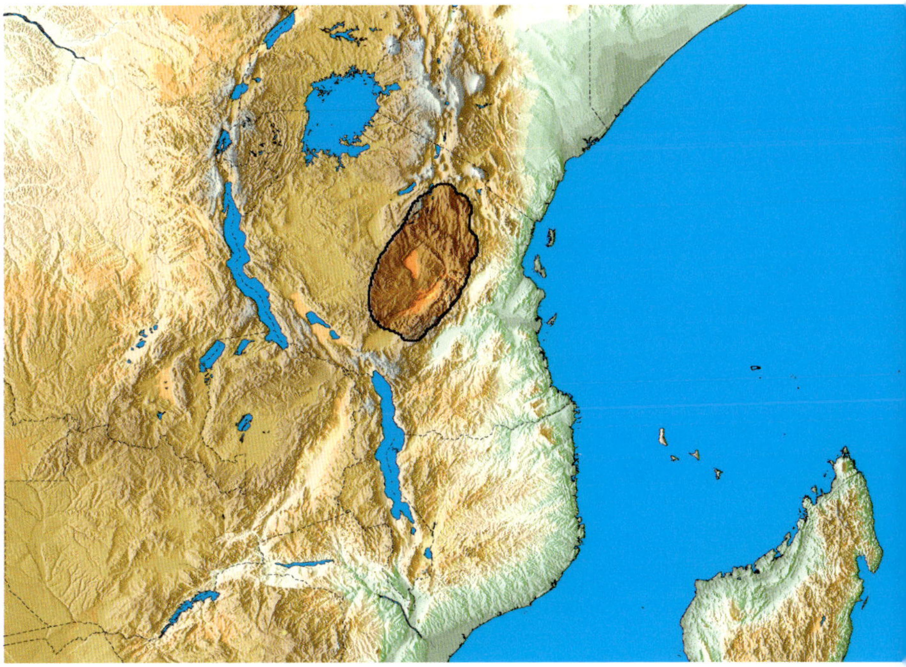

Verbreitungsgebiet des Schwarzköpfchens

Diese Art kommt nur in Nord- und Zentral-Tansania vor.

Schwarzköpfchen im Freiland ...

... sammeln sich während der Trockenzeit zu oft großen Schwärmen (Seite 60/61)

Oben: An der Wasserstelle herrscht reges Treiben; der Lebensraum sind die trockenen Savannen Tansanias (unten links); ein Schwarzköpfchen schaut aus der Bruthöhle (unten rechts)

Die Zucht des Schwarzköpfchens

Das Schwarzköpfchen ist ein recht einfacher Zuchtvogel. Ganz so wie die anderen Agaporniden-Arten benutzt es Zweige für den Bau des Nestes. Auch hier gilt die Regel: Je mehr Zweige man gibt, desto besser. Das Weibchen nagt alles kurz und klein und baut in ein paar Tagen ein kugelförmiges Nest. Die weißen Eier werden jeden zweiten Tag gelegt, und meistens schlüpfen die Jungen nach einer Brutzeit von 23 bis 24 Tagen. Schwarzköpfchen sind durchweg gute Eltern, und man kann sie auch als Pflegeeltern gebrauchen. Wenn Junge in anderen Nestern verstoßen werden und sie sich altersmäßig nicht zu sehr von denen im Nest des Schwarzköpfchens unterscheiden, kann man sie zu diesen setzen. So wurden durch diese Vögel schon Rosenköpfchen, Pfirsichköpfchen und Rußköpfchen aufgezogen.

Wie bei allen Agaporniden ist es wichtig, dass Schwarzköpfchen während der Brutzeit über sauberes Badewasser verfügen. Sie werden merken: Wenn die Vögel damit beschäftigt sind, ihr Nest zu bauen, ziehen sie beinahe alles erst durch das Badewasser. Darum muss das Wasser regelmäßig erneuert werden. Es ist am besten, morgens Badewasser zur Verfügung zu stellen und dieses nach etwa einer Stunde zu erneuern. Sie werden sehen, dass die Vögel dieses Ritual schnell begreifen.

Eine Warnung ist hier jedoch angebracht: Ein junges Schwarzköpfchen ist besonders stressempfindlich. Schaffen Sie sich darum vorzugsweise keine ganz jungen Exemplare an, denn sonst laufen Sie Gefahr, dass die Vögel nach ein paar Tagen sterben. Es ist besser zu warten, bis die Tiere ungefähr zehn Monate alt sind.

Mutationen beim Schwarzköpfchen

Es sind folgende Mutationen aufgetreten: Dunkelfaktor (dark factor), Blau, Violettfaktor, Pastell und Falbe – Typ noch nicht ganz sicher (fallow).

Ein Schwarzköpfchen-Nest ...

wird kunstvoll aus Zweigen und Rindenstreifen gebaut (oben links); die Nestlinge verbringen etwa 32 Tage im Nest (unten links); eine Gruppenhaltung ist bei den Schwarzköpfchen möglich (rechts)

Das Pfirsichköpfchen

Agapornis fischeri Reichenow 1887

Es war wieder G. A. Fischer, der diese Art 1887 in Nord-Tansania entdeckte. Und wie beim Schwarzköpfchen war es auch Anton Reichenow (1847–1941) der in derselben Ausgabe vom „Journal für Ornithologie", in der das Schwarzköpfchen beschrieben wurde, auch das Pfirsichköpfchen in die Wissenschaft einführte. Reichenow benannte diese Agaporniden-Art nach seinem Entdecker.

Beschreibung des Pfirsichköpfchens

Das Pfirsichköpfchen ist ungefähr 15 cm groß. Seine Maske ist auf dem Oberkopf orangerot, in einen etwas helleren Ton unter dem Schnabel übergehend. Auf dem Hinterkopf geht sie in einen olivgrünlichen Bronze-Ton über. Um die braunen Augen zieht sich der typische weiße Augenring. Die allgemeine Körperfarbe ist grün, der Flügelsaum ist gelb. Der Schnabel ist rot, der Hinterrücken violettfarben. Die Füße sind grau und die Krallen dunkelgrau.

Weibchen sind vielfach größer als Männchen, wobei ihr Kopf kleiner wirkt. Jungvögel sind matter gefärbt und haben eine schwärzliche Schnabelbasis.

Herkunft und Lebensweise

Pfirsichköpfchen leben in Nord-Zentral-Tansania, und zwar in kleinen Gruppen im Gebiet südlich des Victoria-Sees, nicht weit vom Lebensraum des Schwarzköpfchens entfernt. Obwohl es Ornithologen gibt, die glauben, dass *personatus* und *fischeri* auch zusammen in einer sich überlappenden Zone in Tansania leben, gibt es Quellen, die behaupten, dass in freier Wildbahn keine Kreuzungen zwischen beiden Arten vorkommen (Turner 1991).

Aus Kenia kommen allerdings Meldungen von Hybriden. Es geht hier aber um etwas, das man im Fachausdruck eine „feral population" nennt. Das ist eine Population, die aus Vögeln entstanden ist, die aus Volieren entkommen sind und denen es gelungen ist, in diesen Gegenden zu überleben. Obwohl früher keine Agaporniden in diesen Gebieten vorkamen, sollen dort 1987 schon etwa 6000 Vögel, Kreuzungen zwischen *fischeri* und *personatus*, gezählt worden sein (Thompson 1987). Dass dies eine Gefahr für die einheimischen Vögel und die Reinrassigkeit der Arten ist, muss damit nicht automatisch gesagt sein.

Der Lebensraum des Pfirsichköpfchens in Tansania besteht hauptsächlich aus trockenen Savannen, wo sie sich von Grassamen ernähren. Die Pfirsichköpfchen sind auch feste Besucher der örtlichen Hirse- und Maisfelder.

Links: Pfirsichköpfchen

Pfirsichköpfchen gehören neben den Rosenköpfchen zu den beliebtesten Agaporniden.

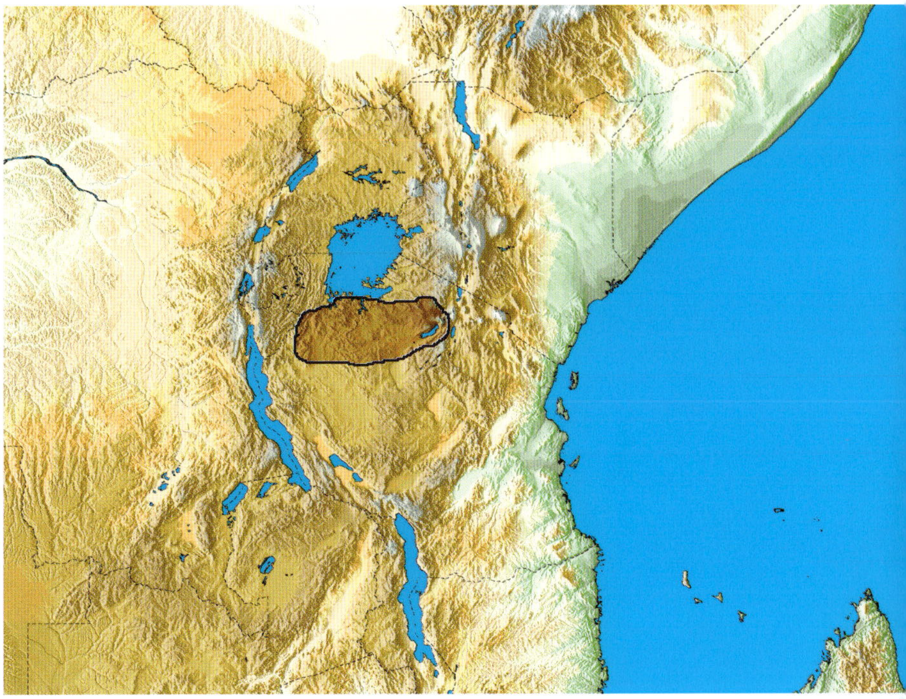

Verbreitungskarte des Pfirischköpfchens

Die Vögel kommen im Norden Tansanias südlich des Victoria-Sees vor; am östlichen Randbereich gibt es Hybriden mit dem Schwarzköpfchen.

Pfirsichköpfchen

Wasserstellen sind ein Sammelplatz für alle Savannenbewohner ...

und nicht nur für die Pfirsichköpfchen, die das begehrte Nass gelegentlich auch in Anwesenheit von Grasratten (Arvicanthis niloticus) aufnehmen (Seite 68/69); diese einmalige Aufnahme entstand in der Serengeti in der Nähe der Ndutu Lodge

Ein Paar hat sich auf einem kahlen Ast am Rande der Wasserstelle niedergelassen (Bild oben)

Auch der Lebensraum der Pfirsichköpfchen ist ein trockenes Savannengebiet, das von Akazien und Dornbüschen durchzogen ist; das Bild links zeigt den Manyara-Nationalpark

Bälge des Pfirsichköpfchens im Natural History Museum Tring

Die Bälge weisen deutlich nach, dass bei der Wildform des Pfirsichköpfchens keine rote Farbe im Nacken zu finden ist, wie sie manches Mal von Züchtern angestrebt wird, um die Vögel „attraktiver“ erscheinen zu lassen

Zucht eines Pfirsichköpfchens

Die Jungvögel werden in der Regel problemlos versorgt.

Die Zucht des Pfirsichköpfchens

Derzeit gehört das Pfirsichköpfchen zusammen mit dem Rosenköpfchen und dem Schwarzköpfchen zu den populärsten Agaporniden sowohl bei Privathaltern als auch Züchtern.

In der Brutzeit stellt das Pfirsichköpfchen dieselben Anforderungen wie der Rest der Agaporniden mit weißem Augenring.

Am besten bringt man sie paarweise in geräumigen Brutkäfigen unter. Geben Sie ihnen Weidenzweige als Nistmaterial und sorgen Sie für ausreichende Beleuchtung und Ventilation. Als Nahrung benötigen sie eine reichhaltige Saatmischung oder entsprechendes Pellet-Futter und ausreichend Eifutter.

Die Brut bei diesen Vögeln gelingt meistens problemlos. Nester von fünf, manchmal sechs jungen Vögeln sind keine Ausnahme. Die Brutdauer beträgt meistens 24 bis 25 Tage.

Die jungen Pfirsichköpfchen weisen ab und zu einen matten Schimmer auf der Maske auf. Dieser verschwindet meistens nach etwa drei Monaten. Ältere Vögel, die diesen dunklen Farbton in der Maske zeigen, sind garantiert Mischlinge und sollten auf jeden Fall von der Zucht ausgeschlossen werden.

Von einigen Züchtern wird versucht, bei der Wildform des Pfirsichköpfchens Vögel mit rötlicher Farbe im Nackengefieder herauszuselektieren. Dies sollte vermieden werden, da es keinesfalls der Wildform entspricht.

Mutationen beim Pfirsichköpfchen

Beim Pfirsichköpfchen sind bislang folgende Mutationsformen aufgetreten: gelbes Schwarzauge (DEC = dark eyed clear), dominant gesäumt (dominant edged), rezessiv gescheckt (rezessiv pied), dominant gescheckt (dominant pied), Mottle, Slaty, bronze Falbe (bronze fallow), Pale Falbe (pale fallow), Misty und Euwing.

Das Rußköpfchen

Agapornis nigrigenis Sclater 1906

Diese Art wurde 1904 von Herrn Kirkman in Südwest-Sambia entdeckt. Zwei Jahre später beschrieb William Lutley Sclater (1863 – 1944) die Art wissenschaftlich im „Bulletin of the British Ornithologists Club".

Beschreibung des Rußköpfchens

Das Rußköpfchen ist 13,5 Zentimeter groß und damit auch einer der kleinsten Agaporniden. Die Stirn und der Oberkopf sind rostbraun, auf Stirn und Scheitel in Dunkelbraun übergehend. Kinn, Kehle und Wangen sind schwärzlich-anthrazitfarben, der Hinterkopf ist olivgrün. Typisch für die Art ist der orange-lachsfarbene Brustfleck. Rücken, Flügeldecken und Bürzel sind matt grasgrün, Unterbrust, Bauch, Flanken und Kloakengegend sind gelblichgrün. Die großen Schwanzfedern weisen eine orangerot-gelb-schwarze Querbänderung und grüne Schwanzspitzen auf. Der Schnabel ist rot, am oberen Rand in Tiefrosa übergehend, mit einer weißen Wachshaut an der Basis. Die Füße sind gräulich mit dunkelgrauen Krallen. Um die braunen Augen befindet sich ein weißer Augenring.

Es besteht kein äußerlicher Unterschied zwischen den Geschlechtern, obwohl nach manchen Züchtern die Weibchen etwas robuster sind und eine breitere Schnabelbasis haben. Jungvögel sind matter gefärbt und besitzen eine schwärzliche Schnabelbasis.

Das Rußköpfchen ist kleiner als das Schwarzköpfchen oder das Pfirsichköpfchen und hat eine typische „aufgerichtete" Haltung (wie auch das Erdbeerköpfchen).

Links: Rußköpfchen

Die Art ist an dem typischen Brustfleck und dem grünen Hinterrückengefieder zu erkennen

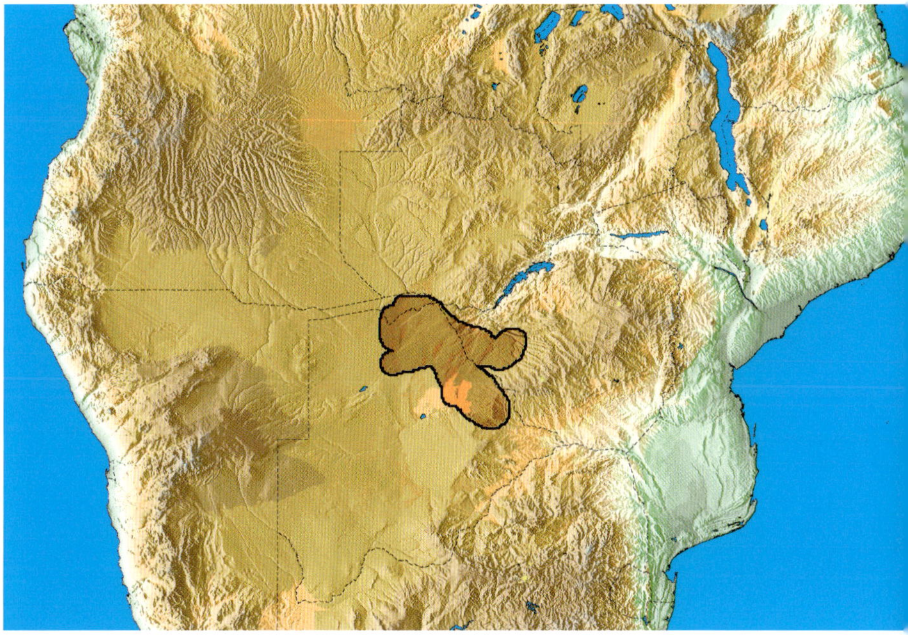

Verbreitungsgebiet des Rußköpfchens

Diese Art besitzt das kleinste Verbreitungsgebiet aller Agaporniden.

Herkunft und Lebensweise

Das Rußköpfchen lebt in einem relativ kleinen Verbreitungsgebiet zwischen dem Fluss Sambesi im Süden und dem Fluss Kafue im Norden. Derzeit soll ihr Lebensraum nur noch 2500 km² umfassen.

Die Vögel sind insbesondere in Mopane-Wäldern und in der Nähe von ständigen Wasserquellen zu finden. Das Rußköpfchen hat seine Brutzeit in der Wildnis von Januar bis einschließlich Anfang Mai. Pro Brutzyklus wird von den meisten Paaren aber nur eine Brut getätigt.

Aus einer Studie, die 1974 von dem deutschen Arzt und Amateur-Ornithologen W. Gilges durchgeführt wurde, geht hervor, dass die Rußköpfchen am häufigsten in den Wäldern am Fluss Sambesi zu finden sind. Diese sind entlang der Ufer nur einige Meter breit und gehen dann in trockene Savannen über. Dort holen sich die Vögel ihre Nahrung, die aus allerlei Saaten, Beeren, Früchten und Blattknospen besteht. Die Wälder entlang der Ufer gebrauchen sie als Schutz. Die Höhlen und

Rußköpfchen an einer der wenigen Wasserstellen im Kafue-Nationalpark

An solchen Wasserstellen finden sich in den frühen Morgenstunden oft große Schwärme ein (Seite 74/75).

Bevor sich die Vögel zum Wasser heruntertrauen, sammeln sie sich in den umliegenden Bäumen und Büschen (oben). Die Tiere sind jedoch sehr vorsichtig, und es dauert oft lange, bis sie sich zum Trinken herabwagen.

Links: Der Lebensraum der Rußköpfchen in Sambia ist äußerst trocken.

Spalten in den Bäumen dienen als Nest und vom Fluss wird gern Gebrauch gemacht, um darin zu baden. Wie es scheint, sind die Rußköpfchen darauf ganz versessen.

Gefährdung

Das Rußköpfchen *Agapornis nigrigenis* wird unter den Kriterien des IUCN (the International Union for Conservation of Nature) als „vulnerable" (gefährdet) eingestuft, weil es einen ernsthaften Populations-Rückgang sowie eine Verringerung seines Verbreitungsgebietes erlitten hat.

Zwischen 1998 und 2000 wurde an der Universität von Natal eine Studie von Louise Warburton und Prof. Mike Perrin durchgeführt, um die Grundlagen der Biologie dieser Art zu untersuchen und die Schutzmaßnahmen festzulegen, die nötig sind, um die Art in freier Wildbahn zu erhalten. Diese Untersuchung lieferte die erste detaillierte ökologische Studie einer Agaporniden-Art in freier Natur. Die Schlussfolgerungen hieraus ergaben, dass sich der Erhalt der Art in erster Linie auf die Schaffung und Unterhaltung von Wasserquellen während der Trockenzeit konzentrieren sollte, da die Rußköpfchen in einem sehr hohen Maße vom Zugang zu täglich verfügbarem Wasser abhängig sind.

In dem ausgesprochen kleinen Verbreitungsgebiet dieser Agaporniden-Art ist die Verfügbarkeit von Wasser überall ein begrenzender Faktor, und in den letzten 45 Jahren zeigen die Aufzeichnungen, dass die jährliche Niederschlagsmenge beständig abnimmt. In manchen Gegenden sind die Unzertrennlichen mittlerweile von künstlichen Wasserquellen abhängig, an denen sie jedoch von Menschen gestört werden. Erschwerend kommt hinzu, dass die Wasserstellen auch als Fangorte genutzt werden (um Vögel für den Verzehr zu fangen). Außerdem bekommen manche Dörfer jetzt Unterstützung von der Regierung, um Bohrlöcher für die regionale Wasserversorgung zu graben. Das ist zwar eine Verbesserung für die Menschen, bedeutet aber für die Tiere vor Ort – einschließlich der

Ein Elterntier hält sich am Brutbaum auf

Im unteren Bereich ist ein Jungvogel kurz vor dem Ausfliegen zu sehen

Agaporniden –, dass sie nicht mehr die Tümpel und seichten Brunnen nutzen können, die die Bevölkerung vor Ort normalerweise in der Trockenzeit in das Flussbett gegraben hatte.

Eine weitere Priorität für den Erhalt der Art wäre die Aufrechterhaltung des Verbotes von Handel mit wild gefangenen Tieren. Denn jede Wiederaufnahme des Handels würde angesichts des extrem lokalen Vorkommens der Art wahrscheinlich zu ihrem schnellen Untergang führen. Gleiches gilt für die Fortsetzung der Umwelterziehung in den örtlichen Schulen (die Zambian Ornithological Society hat damit bereits angefangen) und die Überwachung der Populationen durch Zählungen an den Wasserstellen während der Trockenzeit.

Hobbyzüchter sollten große Anstrengungen unternehmen, um die Blutlinien rein zu erhalten

Die Bestände in Menschenobhut

sind in Europa gefestigt; es gilt nun, die Vögel artenrein zu züchten; ein wichtiges Merkmal hierbei ist die Färbung des Hinterrückens, die rein grün sein muss (Bild unten); andernfalls handelt es sich um Mischlinge.

und gute Nachzuchtzahlen in Menschenobhut zu erzielen.

Das Gesagte steht in deutlichem Kontrast zu den Jahren um 1930. Damals wurden diese Vögel in großer Anzahl eingeführt, und sie waren auch „für'n Appel und 'n Ei" zu kaufen. Das machte sie zu jener Zeit für die meisten kommerziellen Züchter uninteressant. Aber glücklicherweise können Züchter in West- und Mitteleuropa zurzeit aus einem großen Vorrat eigener Nachzuchtvögel schöpfen, was in den meisten anderen Ländern nicht der Fall ist. So wird das Rußköpfchen in den USA als eine der selteneren Arten angesehen. In Deutschland wurde vor ein paar Jahren von der Interessengemeinschaft IG AGZ Agapornis/Forpus ein Zuchtprogramm für Rußköpfchen (und

Erdbeerköpfchen) ins Leben gerufen, um festzustellen, ob ausreichend artenreine wildfarbige Vögel vorhanden sind.

Ein weiterer Grund, dieses Zuchtprogramm fortzuführen ist, dass speziell bei den wildlebenden Rußköpfchen das Virus nachgewiesen wurde, das die PBFD-Erkrankung verursacht. Man muss deshalb davon ausgehen, dass die freilebenden Rußköpfchen stark gefährdet sind. Mit diesem Zuchtprogramm lässt sich hoffentlich die Population in Menschenobhut auf einem entsprechenden Niveau halten. Entscheidend wird hierbei vor allem sein, ob es den Züchtern gelingt, die vorhandenen Exemplare artenrein weiterzuzüchten und von den bereits vorhandenen Mutationsformen eindeutig abzugrenzen.

Die Zucht des Rußköpfchens

Sie sind nicht so aggressiv wie die anderen Vertreter der Gattung, aber man sollte die Pärchen trotzdem besser in eigenen Volieren oder Zuchtkäfigen brüten lassen. Als Nistmaterial verwenden Rußköpfchen meistens frische Zweige, mit denen das Weibchen dann ein schalenförmiges Nest baut.

Die Eier werden jeden zweiten Tag gelegt, insgesamt drei bis sechs, die dann 23 Tage bebrütet werden. Meistens fängt das Weibchen nach dem zweiten Ei an zu brüten, aber Ausnahmen bestätigen auch hier die Regel.

Wenn die Jungen nach ungefähr 23 Tagen schlüpfen, haben sie helle Nestdunen, die nach einigen Tagen anfangen, sich rosig zu verfärben. Im Alter von neun bis zehn Tagen können die Jungen beringt werden.

Junge Rußköpfchen verlassen nach ungefähr 40 Tagen das Nest und werden dann noch etwa zwei Wochen von den Elterntieren gefüttert.

Mutationen beim Rußköpfchen

Bei den Rußköpfchen sind bislang zwei Mutationsformen bekannt: Dilute und Misty.

Die Zucht von Rußköpfchen gelingt regelmäßig ...,

... ist aber nicht immer problemlos; links junge Rußköpfchen im Nest, rechts ein Paar während der Kopulation

Das Erdbeerköpfchen

Agapornis lilianae Shelley 1894

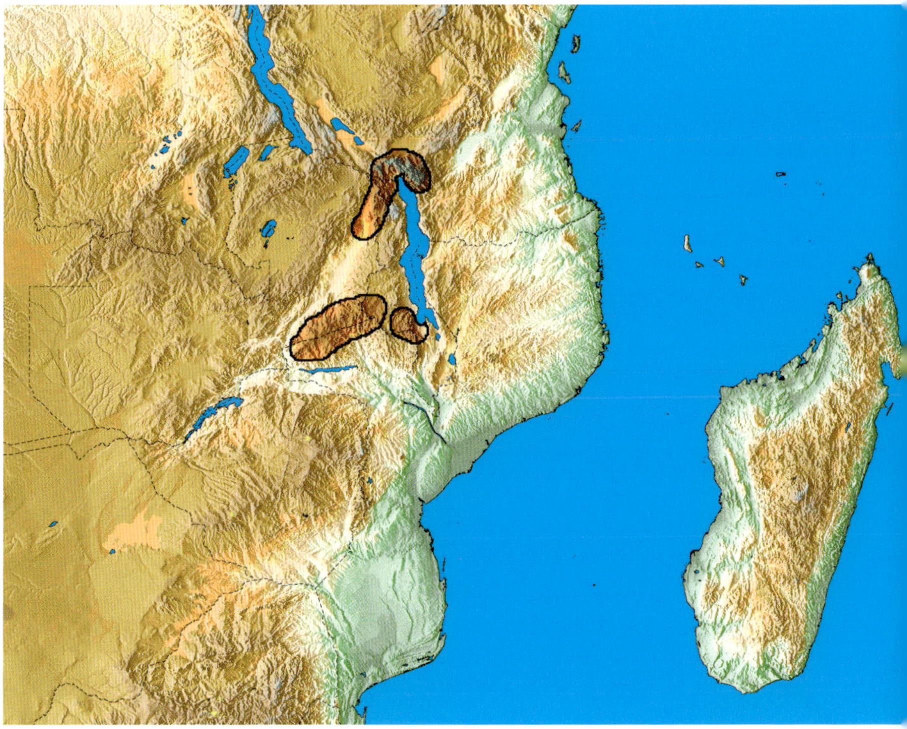

Die ersten Meldungen von dieser Art stammen wahrscheinlich aus dem Jahr 1864: J. Kirk erwähnte in seinem Artikel „On the birds of the Zambesi Region" (Kirk 1864) einen kleinen Papagei, den er zweimal in der Umgebung von Shiré, Nyasaland, zu sehen bekommen hatte. (Nyasaland wurde nach dem dort befindlichen Nyasa-See genannt, ehemals ein britisches Protektorat in Afrika, das identisch ist mit dem heutigen Malawi). Er dachte, dass es sich wahrscheinlich um Rosenköpfchen (*A.roseicollis*) handelte, die damals schon in Süd-Afrika beschrieben waren. 1894 wurden sie jedoch als eigene Art eingestuft und durch Kapitän George Ernest Shelley (1840 – 1910) als *Agapornis lilianae* beschrieben. Er benannte diese Art nach Lilian Elizabeth Lutley Sclater, der Schwester des bekannten Ornithologen W. L. Sclater (W. L. Sclater beschrieb zwölf Jahre später das Rußköpfchen *A. nigrigenis*).

1926 wurden Erdbeerköpfchen zum ersten Mal nach Europa eingeführt. Kurz danach folgten in England die ersten Zuchterfolge.

Beschreibung des Erdbeerköpfchens

Das Erdbeerköpfchen ist ungefähr dreizehn Zentimeter groß. Die Maske ist orangerot, auf dem Brustlatz in eine etwas hellere Farbe übergehend. Auf dem Hinterkopf geht die Maske über in Olivgelb und dann in Grün. Die allgemeine Körperfarbe ist grün. Die Schwanzfedern sind hellgrün mit einem orangegelben Fleck in der Mitte, übergehend in eine schwarze Blockzeichnung, am Ende ist ein schmaler gelber Rand. Der Schnabel ist rot, zur Basis hin übergehend in Hornfarben mit einem leicht bläulichen Schimmer. Die Augen sind hellbraun, meistens mit einer helleren Iris und einem weißen Augenring um die Augen. Die Füße sind grau, die Krallen dunkel.

Weibchen und Jungvögel sind matter gefärbt, letztere mit einer schwarzen Schnabelbasis.

Das Erdbeerköpfchen hat eine „stolze" Haltung, die viel „edler" ist als die des Schwarz- oder Pfirsichköpfchens.

Herkunft und Lebensweise

In der freien Natur lebt das Erdbeerköpfchen in Süd-Tansania, Nord-Simbabwe und Ost-Sambia. Die Vögel leben dort in der Nähe von Flüssen, denn sie lieben es, ein paar Mal am Tag zu baden. Das Erdbeerköpfchen lebt in Kolonien von manchmal über hundert Tieren und ernährt sich hauptsächlich von Grassamen und Früchten. Über

Verbreitung des Erdbeerköpfchens

Die Verbreitung ist – wie beim Rußköpfchen – abhängig vom Vorkommen der Mopane-Wälder.

Links: Erdbeerköpfchen

Diese Art gehört mit dem Rußköpfchen zu den kleinsten und zierlichsten Vertretern der Gattung.

Eine kleine Gruppe Erdbeerköpfchen ...

... hat sich in den obersten Zweigen eines Busches niedergelassen, der die ersten Knospen zeigt; die Aufnahme entstand in der Umgebung der Kafunda Lodge, die sich im South-Luangwa-Nationalpark befindet

Erdbeerköpfchen ...

... bei der Nahrungsaufnahme in einer Palme (links); der Lebensraum der Erdbeerköpfchen in Sambia ist verhältnismäßig trocken (Bild rechts)

sein Brutverhalten in freier Natur weiß man wenig. Vermutetlich ist es vergleichbar mit dem anderer Agaporniden-Arten. Derzeit werden nur noch sporadisch Importvögel im Handel angeboten.

Die Zucht des Erdbeerköpfchens

In Menschenobhut kommt das Erdbeerköpfchen nicht so ganz oft vor. Dennoch sind es Vögel, die sicher mehr Aufmerksamkeit von den Liebhabern verdienen. Die Fütterung besteht hauptsächlich aus einer Samenmischung für Agaporniden und Eifutter, manche Halter geben stattdessen Pellets. Was das Nest betrifft, ziehen Erdbeerköpfchen „weiches“ Nistmaterial wie Gräser und Stroh den Zweigen vor. Das Weibchen baut daraus in ein paar Tagen ein kugelförmiges Nest. Obwohl es sehr zuverlässige Brutvögel sind, verläuft nicht immer alles nach Wunsch. Das erste Hindernis für den Liebhaber besteht darin, die Jungvögel gut durch die Mauser zu bekommen. Nur einer von vier Vögeln überlebt sie. Tierärztliche Untersuchungen haben bis heute keine Erklärung dafür erbracht. Der eine vermutet, es sei Stress, ein anderer meint, es sei Vitaminmangel usw.

Darum ist es ratsam, ausschließlich erwachsene Exemplare zu kaufen. Die Gefahr, dass die Vögel plötzlich ohne Grund sterben, ist dann um ein Vielfaches geringer. Weil die Jungen manchmal noch stressempfindlich sind, ist es ratsam, Erdbeerköpfchen in Volieren oder größeren Zuchtkäfigen zu halten. Auf diese Art können die Jungen nach dem Ausfliegen noch einige Zeit bei den Elternvögeln bleiben, auch wenn das Weibchen schon mit einem neuen Gelege beginnt. Beim Kauf von Erdbeerköpfchen müssen Sie allerdings immer aufmerksam sein, denn nicht alle Exemplare sind reinrassig. Manchmal wird das Erdbeerköpfchen mit Pfirsichköpfchen gekreuzt, in der Hoffnung, die Vögel so etwas stärker zu machen.

Erkennungsmerkmale des Erdbeerköpfchens

Es ist vielleicht nicht immer ganz leicht, ein gutes Erdbeerköpfchen zu erkennen. Darum sind hier einige Erkennungsmerkmale:

- Das Erdbeerköpfchen hat wie das Rußköpfchen ein typische Haltung: Sie sind kleiner als die

meisten Agaporniden und weisen meistens eine kleine „Einbuchtung“ am Hals auf. Erdbeerköpfchen, die genau so groß sind wie Pfirsichköpfchen oder Schwarzköpfchen, sind garantiert Bastarde. Obwohl die meisten Vögel nach mehreren Generationen in Menschenobhut größer werden, bleibt das Erdbeerköpfchen immer kleiner, da es von Natur aus schon gut einen Zentimeter kleiner und feiner im Körperbau als das Pfirsichköpfchen oder das Schwarzköpfchen ist.

- Worauf Sie unbedingt achten müssen, ist der Hinterrücken; dieser muss grün sein. Ein blauer Schimmer deutet hier auf Artenunreinheit hin.

- Junge Vögel haben manchmal einen dunklen Schimmer auf den Wangen. Dieser verschwindet von selbst nach einigen Monaten. Vögel, die bleibend eine deutliche schwarze Zeichnung in der Maske aufweisen, sind höchstwahrscheinlich zurückgekreuzt mit Rußköpfchen oder Schwarzköpfchen.

- Die Farbe des Schnabels wird nach oben hin blasser.

- Die Farbe der Iris ist bei Erdbeerköpfchen blasser als die Pupille.

Halter, die große Erdbeerköpfchen wollen, muss ich enttäuschen. Diese gibt es in reinrassiger Form nicht. Erdbeerköpfchen wie auch Rußköpfchen sind kleiner und weniger robust in der Statur als Schwarz- oder Pfirsichköpfchen. Die Vögel werden in Menschenobhut mit der Zeit zwar größer, aber die Verhältnisse müssen stimmen. Wenn das Erdbeerköpfchen mit einem Rückstand beginnt, wird es immer kleiner bleiben als das Schwarz- oder Pfirsichköpfchen, denn diese entwickeln sich auch weiter. Auch die typische Haltung des Erdbeerköpfchen sollte erhalten werden. In Deutschland wurde ein Zuchtprogramm für die Wildform von Erdbeer- und Rußköpfchen in Angriff genommen. Die BVA (Belgische Vereniging voor Agaporniden) arbeitet daran ebenfalls mit.

Mutationen beim Erdbeerköpfchen

Beim Erdbeerköpfchen sind folgende Mutationsformen aufgetreten: Lutino NSL Ino (NSL ino) und Dilute

Ein Gelege von Erbeerköpfchen ...

umfasst normalerweise drei bis fünf Eier; drei Junge und weitere drei Eier im Nest wie auf dem linken Bild sind die Ausnahme; in den ersten Monaten sind Erdbeerköpfchen empfindliche Tiere, die häufig ohne erkennbaren Grund sterben.

Anschaffung

Bevor Sie sich dazu entschließen, einen Vogel zu kaufen, sollten Sie gut darüber nachdenken. Eigentlich sollten Sie vorab einige Bücher über Haltung und Zucht von Vögeln lesen und vor allem mit vielen Züchtern sprechen.

Machen Sie sich bewusst, dass Vögel lebende Wesen sind, die täglich versorgt werden wollen, und dass das Züchten von Vögeln nicht einfach von selbst geht. Leider werden manchmal Vögel unüberlegt angeschafft oder jemand beschließt nach dem Besuch einer Ausstellung oder bei einem befreundeten Züchter, selbst auch Vögel zu halten. Man hat dann möglicherweise noch irgendwo einen leeren Schuppen oder einen Ort, wo eine Voliere stehen könnte. Und nach ein paar Tagen Arbeit ist der Stall oder die Voliere fertig. Man geht zu einem Händler, und schon nach einer Stunde ist man stolzer Besitzer von einigen Pärchen. Aber meistens beginnen dann erst die Probleme: Die Vögel sind zu alt oder sie sind nicht reinrassig. Die Unterkunft erweist sich als zu klein. Es werden zwar Eier gelegt, aber die Jungen sterben im Ei ab und so weiter. – Vielleicht wäre alles anders gelaufen, wenn man das eine oder andere besser vorbereitet hätte. Glücklicherweise geht nicht jeder so unbedacht zu Werke.

Einige Überlegungen zum Züchten

Natürlich muss man viele Aspekte in Betracht ziehen, wenn man ernsthaft züchten will. Wollen Sie die Vögel nur als Hobby züchten? Oder wollen Sie qualitativ hochwertige Vögel züchten? Wenn Sie die Vögel nur als Hobby züchten, dann müssen Sie sich darüber im Klaren sein, dass Sie mit den aufgezogenen Jungvögeln nicht an Ausstellungen teilnehmen können. Denken Sie auch daran, dass überzählige junge Vögel meistens zu einem Händler gebracht werden. Solche Vögel sind zwar preiswert in der Anschaffung, man kann aber von ihnen keine großen „Leistungen“ erwarten.

Wollen Sie an Wettbewerben teilnehmen? Oder wollen Sie einen Stamm aufbauen, der allen Musterbeschreibungen entspricht? Dann ist es vor allem wichtig, dass Sie sich die Musterbeschreibungen gründlich anschauen. Diese Anforderungen sind von den verschiedenen Clubs aufgestellt worden und legen fest, wie ein Vogel aussehen muss, um viele Punkte zu bekommen, um so der „Idealvorstellung“ zu entsprechen. Im Gegensatz zu der Zeit vor einigen Jahren, als jeder Club noch seine eigenen Musterbeschreibungen hatte, gelten nun für Belgien, die Niederlande und mit geringfügigen Abweichungen auch für Deutschland einheitliche Musterbeschreibungen. Diese allgemeinen Musterbeschreibungen sind damals nach gemeinsamen Überlegungen aller belgischen und niederländischen Vogelvereinigungen festgelegt worden. Das bedeutet also, dass die Beurteilung dieser Vögel überall auf die gleiche Art und Weise

Links: Rußköpfchen

Bei der Anschaffung sollte man das jeweilige Temperament einer Art kennen. (Rußköpfchen sind etwa vergleichsweise ruhige Vögel).

Rosenköpfchen

Wenn man anfängt, Agaporniden zu züchten, sollte man mit wenigen Paaren der Wildform einer leichteren Art beginnen.

Haltung in Metallkäfigen

Agaporniden sind starke Nager. Holzkäfige sind darum weniger geeignet.

geschieht. Die Musterbeschreibungen sind nachzulesen auf der Website *www.agapornis.be*.

Es ist selbstverständlich, dass Sie zunächst gut darüber nachdenken, welche Agaporniden-Arten und Mutationen sie züchten wollen. Es hat keinen Zweck, wenn Sie von allen Arten jeweils ein paar Vögel halten. Und es ist sehr wichtig, dass Sie am Anfang eine klare Übersicht über Ihre Vögel haben. Außerdem ist es eine grundlegende Voraussetzung, dass Sie für sich selbst festlegen, was Sie wollen oder – besser gesagt – was Sie bewältigen können. Vögel brauchen täglich ihre Versorgung. Wenn Sie dafür zu wenig Zeit haben, dann sollten Sie es besser bleiben lassen. Zwanzig Zuchtpaare kosten täglich immerhin etwa ein bis zwei Stunden Zeit.

Zu Beginn ist es ratsam, mit drei normalen Paaren der Wildform zu beginnen. Rosen-, Pfirsich- oder Schwarzköpfchen eignen sich am besten für den Einstieg, weil sie problemlos beginnen zu brüten. Mit den daraus entstehenden Jungvögeln können Sie im Verlauf weniger Jahre einen guten Stamm aufbauen. Später, wenn Sie mehr von der Materie verstehen, können Sie dann zur Mutationszucht übergehen. Lassen Sie sich beim Ankauf vor allem nicht vom Preis leiten bzw. verleiten. Qualität kostet nun einmal mehr als Durchschnitt. Aber das heißt nicht in jedem Fall, dass der, der mehr Geld für einen Vogel verlangt, Ihnen auch die bessere Qualität bietet. Schauen Sie sich um und vergleichen Sie! Und kaufen Sie niemals überstürzt! Es ist selbstverständlich, dass die Elternvögel, die Sie kaufen, allen Musterbeschreibungen entsprechen müssen.

Berücksichtigen Sie bei der Anschaffung die folgenden Tipps:

- Kaufen Sie nur junge und beringte Vögel.
- Informieren Sie sich darüber, wann diese Vögel geboren wurden und von welchen Eltern sie abstammen.
- Informieren Sie sich darüber, welches Futter die Jungvögel bisher bekommen haben. Diese Information ist sehr wichtig, wenn Sie einen jungen Zuchtvogel anschaffen. Manche Züchter setzen ihre Jungvögel in eigene Käfige und geben ihnen nicht mehr als das Allernötigste, weil sie ja doch verkauft werden. Meistens fehlen dann in der Fütterung die notwendigen Vitamine und Mineralien, wodurch die Zuchtergebnisse im ersten Jahr wenig erfreulich sind.
- Kaufen Sie vorzugsweise Vögel, die ungefähr sechs Monate alt sind. Denn dann haben Sie noch weitere sechs Monate Zeit, um ihnen eine ausgewogenere Nahrung zu geben und sie auf die Zucht vorzubereiten.
- Sprechen Sie mit dem Züchter ab, dass Sie ein Recht auf Umtausch haben für den Fall, dass sich herausstellt, dass das Paar kein wirkliches Paar ist. Der Geschlechtsunterschied ist in manchen Fällen nämlich sehr schwer zu erkennen.
- Achten Sie beim Kauf vor allem darauf, ob die Vögel ein gutes Gefieder aufweisen: Nicht alle Züchter verkaufen ihre besten Vögel. Es dürfen keine kahlen Stellen am Körper sein, auch nicht unter den Achseln.

Wo sollte man kaufen?

Es gibt verschiedene Stellen, wo Sie Vögel kaufen können: auf Tiermärkten und in Zoohandlungen, bei Händlern und Züchtern und auf verschiedenen Ausstellungen sowie Vogelbörsen. Wenn Sie ausreichende Kenntnisse besitzen und seltener vorkommende Mutationen suchen, dann können Sie schon mal bei einer günstigen Gelegenheit zugreifen und bei einem Händler oder auf einer Vogelbörse einen einzelnen Vögel erwerben. Denn dann geht es Ihnen ja um die Mutation an sich. Wenn Sie allerdings qualitativ gute Ausstellungsvögel wollen, dann ist es ratsam, bei verschiedenen Züchtern vorbeizuschauen. Da können Sie die Geschwister, Eltern und eventuell Großeltern sehen. So bekommen Sie eine Vorstellung von der Qualität des Stammes, aus dem diese Vögel kommen. Wenn Sie sehen, dass jeder dieser Vögel von guter Qualität ist, mit anderen Worten: „Wenn sie es im Blut haben", dann ist die Chance ziemlich groß, dass die Nachkommen dieser Vögel auch diese guten Eigenschaften besitzen. Vielleicht glauben Sie, dass Sie dann eigentlich am besten den Sieger einer Ausstellung kaufen sollten, aber das ist nicht ganz ohne Risiko. Wenn sich herausstellen sollte, dass dieser Siegervogel einfach ein Zufallstreffer war, dann laufen Sie Gefahr, die Qualität ihres eigenen Vogelstammes herabzusetzen. Außerdem muss dieser Champion auch zu ihren anderen Vögeln „passen".

Worauf gilt es zu achten?

Wenn Sie bei Züchtern vorbeischauen, ist es wichtig, dass Sie auf bestimmte Dinge achten. Denn es gibt überall Spreu im Weizen. Glücklicherweise ist das nur eine kleine Minderheit, und nicht jeder Züchter verhält sich unverantwortlich. Es gibt viele, die ihre Jungvögel sehr gut versorgen. Trotzdem ist es für Anfänger wichtig zu wissen, dass die Zucht manchmal auch (viel) weniger verantwortlich betrieben wird.

Kaufen Sie Ihre Vögel nie sofort beim Erstbesten. Besuchen Sie erst so viele Züchter wie möglich. So können Sie schneller lernen, die Spreu vom Weizen zu trennen. Achten Sie dabei vor allem auf die folgenden Punkte:

- Unterbringung und Hygiene müssen optimal sein. Wenn die Fress- und Trinknäpfe stark verschmutzt sind (mit Kot oder grünen Algen) und die Vögel wenig oder gar keine frische Luft bekommen, ist es sehr wahrscheinlich, dass die Vögel nicht hundertprozentig gesund sind.
- Inspizieren Sie die Unterkünfte der Vögel und achten Sie vor allem auf die Ausscheidungen. Auch wenn Agaporniden – so wie alle anderen Vögel – Kot und Harn aus derselben Körperöffnung (der Kloake) ausscheiden, dürfen die Ausscheidungen trotzdem nicht zu flüssig sein. Zu flüssige Ausscheidungen können auf eine Ernährungsstörung hindeuten, bei der zwar Harn produziert wird, aber kein Kot.
- Es ist selbstverständlich, dass Sie kein Zuchtpaar kaufen, das miteinander verwandt ist, um Inzucht zu vermeiden. Jeder Züchter, der sich selbst respektiert, hat ein Zuchtregister, in dem er ohne Probleme nachsehen kann, in welchem Verhältnis die Tiere zueinander stehen.

Pfirsichköpfchen

Ein Vogel, den man kaufen will, sollte keinerlei Anzeichen von Krankheit aufweisen.

Orangeköpfchen-Männchen

Schwierigere Arten sollten erfahrenen Züchtern vorbehalten bleiben.

- Seien Sie „Massenzüchtereien" gegenüber skeptisch. Denn hier steht meistens der kommerzielle Aspekt im Vordergrund und es wird deshalb weniger auf Qualität geachtet.
- Schaffen Sie sich nie einen Vogel an, der Ihnen aus dem einen oder anderen Grund nicht gefällt. Fühlen Sie sich niemals zum Kauf verpflichtet. Wenn Sie sich nicht sicher sind, nehmen Sie im Notfall jemand mit, der schon ein wenig Erfahrung mit der Vogelzucht hat. Oder nehmen Sie einen Vogel aus Ihrer eigenen Sammlung mit, um ihn mit den angebotenen Vögeln zu vergleichen. Kein verantwortlich handelnder Verkäufer wird damit Probleme haben.

Transport

Selbstverständlich ist es nötig, die Vögel auf gute Art und Weise zu transportieren. Es gibt dafür viele verschiedene Transportkäfige im Handel zu kaufen. Käfige, bei denen die Vögel getrennt voneinander transportiert werden können, sind am besten. So laufen Sie nicht Gefahr, dass sie einander während des Transportes zu Leibe rücken. Vögel, die auf engstem Raum zusammen eingesperrt sind, können sich leicht bedrängt fühlen. Sie gehen dann manchmal leicht aufeinander los. Wenn dagegen jeder Vogel für sich untergebracht wird, wird dieses Risiko völlig ausgeschlossen.

Natürlich muss es im Käfig auch etwas Futter geben. Wenn der Transport einige Stunden dauert, können Sie einen Napf mit einem in Wasser getränkten Schwamm im Käfig anbringen. Auf diese Weise haben die Vögel auch zu trinken. Eine andere Möglichkeit besteht darin, etwas halbreifen Mais in den Käfig zu streuen. Dieser enthält viel Feuchtigkeit, und das kann, wenn die Reise nur ein paar Stunden dauert, ausreichend sein. Bei einem Transport, der viele Stunden oder gar Tage dauert, ist natürlich nötig, verschiedene Ruhepausen während der Reise einzubauen, um die Vögel zu füttern und sie aus einem Trinkröhrchen trinken zu lassen.

Wenn Sie die Vögel aus dem einen oder anderen Grund doch im selben Käfig unterbringen müssen, ist es ratsam, den Käfig vollständig abzudunkeln. Die Vögel werden so viel ruhiger sein. Die Wahrscheinlichkeit von Kämpfen zwischen den Vögeln nimmt dadurch ab.

Quarantäne

Es ist selbstverständlich, dass Sie die Vögel bei Ihrer Ankunft nicht unmittelbar bei Ihren anderen Vögeln unterbringen. So können Sie vermeiden, dass bestimmte Krankheiten in Ihre Voliere gelangen. Auch wenn die Vögel perfekt gesund zu sein scheinen, kann es nämlich sein, dass sie eine Infektion in sich tragen, für die sie selbst zwar immun sind, aber Ihre Vögel nicht. Oder umgekehrt, es kann in Ihrem Stamm etwas existieren, was Ihre Vögel zwar vertragen, die gerade erst gekauften Vögel dagegen nicht.

Geben Sie Ihren Vögeln Zeit, um sich einzugewöhnen. Eine präventive Gabe von Antibiotika ist dagegen grundverkehrt. Eine Quarantänezeit von vier Wochen ist ausreichend. Wenn Sie das Risiko auf PBFD (Psittacine Beak and Feather Disease) vermeiden wollen, sollten Sie vornehmlich Vögel kaufen, die älter als dreieinhalb Jahre sind. Wenn der Vogel im Alter von dreieinhalb Jahren keine Symptome aufweist, ist das Risiko für PBFD so gut wie ausgeschlossen. Auch das Risiko auf andere viral bedingte Krankheiten oder die Übertragung auf Ihre anderen Vögel ist dann viel kleiner.

Der Kauf eines zahmen Vogels

Wollen Sie Ihre Liebhaberei mit einem zahmen Agaporniden als Zimmervogel beginnen? Einen, der mehr kann als nur das ganze Haus zusammenschreien? Entscheiden Sie sich dann vorzugsweise für einen von Hand aufgezogenen Vogel. Der wird sich noch schneller an Sie gewöhnen, wenn Sie ein junges Exemplar kaufen.

Wenn Sie auf der Suche nach einem zahmen Hausgenossen sind, sind Rosenköpfchen sehr empfehlenswert. Diese Vögel sind am einfachsten zu zähmen, und sie sind in der Anschaffung nicht so teuer. Kontrollieren Sie, ob der Vogel, für den Sie sich entscheiden wollen, nicht krank ist. Die einfachste Art, das zu untersuchen, ist zu kontrollieren, ob der Vogel „wie eine Kugel" dasitzt (mit aufgestellten Federn in sich selbst versunken). Außerdem sollten sie die Brustmuskeln ertasten. Dabei darf man das Brustbein nicht fühlen können, und es darf auf keinen Fall scharf hervorstehen. Der Vogel sollte auch nicht zu mager sein. Denken Sie daran, dass ein Vogel, der bereits mehrere Monate alt ist, nicht mehr ganz zahm wird.

Agaporniden sind von Natur aus (in der Wildnis) Koloniévögel. Sie leben nicht gerne allein in einem Käfig. Ein zahmes Tier wird schnell die Neigung entwickeln, Sie als Artgenossen anzusehen und einiges an Zeit und Aufmerksamkeit von Ihnen verlangen. Wenn Sie diese Zeit nicht aufbringen können, sollten Sie diesen Plan besser fallen lassen. Ein Agapornide ohne die Gesellschaft von Artgenossen kann auf die Dauer Probleme bekommen und „psychische Erkrankungen" entwickeln. Das sind (körperliche) Krankheitserscheinungen, die aufgrund psychischer Probleme entstehen. Dies können Sie vermeiden, indem Sie mindestens ein Paar (Männchen und Weibchen) anschaffen. Das birgt natürlich das Risiko, dass diese Vögel ungewollt anfangen zu brüten. Es wäre nicht das erste Mal, dass ein Weibchen auf dem Käfigboden brütet. Zwei Vögel vom gleichen Geschlecht zu kaufen könnte eine Lösung sein. Aber wenn zwei Weibchen oder Männchen zusammensitzen, kann es sein, dass sie ständig miteinander kämpfen. Sie merken: Es geht stets um das gesunde Abwägen. Wenn Sie sich dafür entscheiden, mehrere zahme Haustiere zu halten, versuchen Sie in jedem Fall, Vögel der gleichen Art zusammenzusetzen. Ein männliches Schwarzköpfchen lässt sich nun mal nicht davon abhalten, sich mit einem weiblichen Pfirsichköpfchen zu paaren oder sogar mit einem Rosenköpfchen, wenn diese zusammen in einem Käfig sitzen. Die daraus hervorgehenden Jungen grundsätzlich für weitere Nachzuchten nicht geeignet. Sie können natürlich diese Eier auch ohne große Probleme immer wieder wegnehmen. Sie werden dann sehen, dass das Legen nach einigen Tagen von alleine aufhört.

Pfirsichköpfchen

sind auch ideale Hausgenossen, sollten aber wie alle Agaporniden paarweise gehalten werden

11
6
12
13
8

Unterbringung

Wie Sie Ihre Agaporniden unterbringen, ist von großer Bedeutung. Die Unterkunft ist ja schließlich der „Lebensraum" der Vögel. Außerdem hängt die Art der Unterbringung natürlich auch davon ab, was Sie vorhaben: Wollen Sie die Vögel nur zur Gesellschaft halten? Oder wollen Sie auch mit ihnen züchten?

Geeignete Unterbringung zur Zucht

Wollen Sie züchten, können Sie sich sowohl für eine Voliere als auch für einen Käfig entscheiden.

Volieren

Für jede Art der Unterbringung gilt: je größer der Käfig, umso besser. Wenn Sie über einen großen Garten verfügen, können Sie Ihre Agaporniden in einer Voliere züchten. Das hat außerdem den Vorteil, dass Sie von Ihrem Sessel oder hinterm Fenster die Vögel beobachten können.

Sie können sich für eine Gemeinschaftsvoliere entscheiden, in der Sie verschiedene Paare miteinander fliegen lassen. Aber wenn Sie bestimmte Farben züchten wollen, dann ist es ratsam, die Vögel als Zuchtpaare einzeln unterzubringen: Dann müssen Sie für jedes Paar ein eigenes Abteil bauen. Wenn Sie sich für eine Gemeinschaftsvoliere entscheiden, berücksichtigen Sie, dass Agaporniden ab und zu anderen Vogelarten gegenüber recht aggressiv werden können. Agaporniden sollte man darum am besten getrennt von anderen Arten unterbringen. Eine gemischte Haltung ist zwar nicht unmöglich, aber es ist in jedem Fall besser, auf Nummer Sicher zu gehen.

Links: Zuchtanlage mit Zuchtboxen

Wer Freude an der Haltung und Zucht von Agaporniden hat, wird bald seinen Bestand ausweiten und benötigt mehr Platz; Zuchtkäfige sind eine der möglichen Alternativen.

Garten-Voliere

Beim Bau einer Voliere sollten neben optischen Gesichtspunkten auch praktische Erwägungen beachtet werden.

Um Hybridisierung zu vermeiden, sollten Sie nur Agaporniden derselben Art in einer Gemeinschaftsvoliere halten. Obwohl Sie den Ruf haben, als „lovebird" (Liebesvogel) einem Partner treu zu sein, hat man schon wiederholt erlebt, dass nicht jeder Agapornide so monogam ist, wie sein Name es erwarten lässt. Es wird ein männliches Pfirsichköpfchen nicht davon abhalten, sich mit einem weiblichen Schwarz- oder Rußköpfchen zu paaren, wenn gerade kein anderes Weibchen in der Nähe ist. Deren Jungvögel sind allerdings nicht dafür geeignet, um weiter mit ihnen zu züchten. Deshalb sollte man das besser von vornherein vermeiden. Hinzu kommt in Gemeinschaftsvolieren die Schwierigkeit, 100%ig sicher zu sein, ob man bei bestimmten Arten eine gleich große Anzahl von Weibchen und Männchen hat. Ein Überschuss von Vögeln eines Geschlechts kann ebenfalls zu Problemen führen. Das müssen Sie also gut im Blick haben. Sie können natürlich bereits bestehende Paare zusammen in eine Voliere setzen.

Volierenanlage

Wer größere Bestände hält, tut gut daran, die Verwandtschaftsverhältnisse der Vögel im Blick zu behalten.

Aber es ist nicht ungewöhnlich, dass die Vögel dann selbst nochmal ihren Partner wechseln.

Für die kalten Wintertage muss bei jeder Voliere auch ein Schutzhaus vorhanden sein, in das die Vögel sich nachts oder wenn es draußen kalt wird zurückziehen können. In diesem Raum können Sie am besten auch Futter und Wasser reichen. Das Schutzhaus sollte mit einer Heizung versehen sein, und sei es nur, um den Raum frostfrei zu halten. Es ist allgemein bekannt, dass die Zehen der Agaporniden sehr empfindlich für Erfrierungen sind.

Wenn es nicht möglich ist, das Schutzhaus frostfrei zu halten, können Sie den Nistkasten im Winter weiterhin hängen lassen. Das hat den Nachteil, dass die Vögel auch im Winter anfangen können zu brüten. Die Erfahrung zeigt allerdings, dass es da eigentlich wenige Probleme gibt. Aber wenn Sie für die Vögel eine Ruhezeit einbauen wollen, sind Sie praktisch gezwungen, zu bestimmten Zeiten die Nistgelegenheiten – zumindest zeitweise – zu entfernen. Wenn Sie das nicht tun, laufen Sie Gefahr, dass die Vögel immer weiter brüten, was weder für die Gesundheit der Elterntiere noch für die Qualität der Jungvögel förderlich ist.

Selbstverständlich sind separate Eingänge zu den Schutzräumen und ein dahinter befindlicher Verbindungsgang ratsam. Legen Sie den Eingang so, dass er zusammen mit dem Gang als Schleuse dienen kann. Vögel, die möglicherweise entweichen, sind dann nicht unmittelbar draußen. Über den Verbindungsgang können Sie die verschiedenen Zugangstüren der Volieren erreichen. Außerdem dürfen Sie nicht vergessen, dass die Außenvolieren vor Regen und Wind geschützt werden müssen. Um zu verhindern, dass Mäuse oder Ratten sich problemlos Zugang zu den Volieren verschaffen können, ist ein fester Untergrund ratsam. Die meisten Züchter haben einen Betonboden, weil der auch leicht zu reinigen ist. Andere verlegen stattdessen engmaschiges Drahtgeflecht ungefähr dreißig Zentimeter tief im Boden, was ebenfalls verhindert, dass sich Nager oder andere Schädlinge Zugang zur Voliere verschaffen können. Ein fester Untergrund ist zudem viel einfacher und effektiver zu reinigen.

Es ist davon abzuraten, lebende Pflanzen in die Volieren einzubringen. Denn innerhalb kürzester Zeit werden diese sicher verbissen, und all Ihre Mühe war umsonst. Wenn Sie zusätzliche Beleuchtung in die Voliere legen, achten Sie darauf, dass die Vögel nicht an den Kabeln nagen können. Das lässt sich vermeiden, indem man die Kabel entweder in Röhren oder außerhalb der Voliere verlegt. Wenn man eine Wasserquelle einbaut, sorgen Sie dafür, dass diese ausreichend isoliert ist, damit sie in Kälteperioden nicht auffriert.

Die Anzahl der Vögel pro Voliere ist auch eine oft gestellte Frage. Für die Zucht von Agaporniden können Sie sich an die Regel halten: nicht mehr als ein Zuchtpaar pro Kubikmeter Raum. Wenn die Voliere nur dazu benutzt wird, Jungvögel oder Zuchtpaare in der Ruhephase unterzubringen, kann die Anzahl natürlich größer sein. Dann muss man nämlich nicht damit rechnen, dass die Vögel ihr Territorium um den Nistkasten verteidigen.

Kurz und gut: Sie müssen über einiges an Raum verfügen, wenn Sie Agaporniden züchten wollen. Wenn Sie selbst eine Voliere in Ihrem Garten bauen wollen, vergessen Sie nicht, sich vorab bei Ihrer Gemeinde zu erkundigen, wie die Bauvorschriften sind. Sprechen Sie auch ausführlich mit Ihren Nachbarn darüber, wenn Sie diese als Freunde behalten wollen. Ein Schwarm Agaporniden kann nämlich mächtig viel Lärm machen.

Es gibt verschiedene Arten, Ihre Voliere zu bauen. Besuchen Sie deshalb so viel wie möglich andere Züchter und holen Sie sich so viele Ideen wie möglich. Schauen Sie sich jedes System gründlich an und holen Sie das Beste für sich heraus. Denn eine Voliere im Garten muss nicht nur schön sein, sie muss auch praktisch und für Sie und Ihre Vögel sicher sein.

Züchten in Käfigen

Wenn Sie ein klar umgrenztes Zuchtprogramm haben oder sich auf eine bestimmte Mutation spezialisieren wollen, ist es natürlich besser, jedes Zuchtpaar allein unterzubringen. Sofern Sie im Garten keinen Platz haben, um eine Voliere zu bauen, können Sie Agaporniden auch im Haus in Käfigen züchten. Vielleicht haben Sie einen leeren Raum, den Sie zum „Vogelzimmer" umbauen können. Für jede Art der Unterbringung gelten in jedem Fall die folgenden Grundprinzipien:

- Der Raum muss frostfrei sein. Wenn das nicht der Fall ist, sollten Sie zumindest ein Minimum an Heizung anbringen. Das Trinkwasser darf auf keinen Fall jemals gefrieren.
- Der Raum muss ausreichend isoliert sein, sodass weder die Vögel noch die Wärme durch allerlei Löcher entweichen können. Schlimmer ist es, wenn Mäuse, Ratten, Wiesel oder Katzen freien Zugang haben. Mit anderen Worten: Der Raum muss gründlich abgeschlossen werden können.

Zuchtanlage

Neben Boxen für die Zucht (links) sind auch immer größere Volieren für die Jungvogel und die Altvögel außerhalb der Brutzeit zu empfehlen (rechts).

- Es muss ausreichend Licht vorhanden sein. Fällt nicht genügend Licht von außen ein, können Sie das Problem mit elektrischen Dimmern auf einfache Weise lösen. Dazu muss natürlich ein elektrischer Anschluss vorhanden sein.
- Der Raum darf dem Sonnenlicht nicht zu stark ausgesetzt sein. Im Sommer könnte das einen Treibhauseffekt im Zuchtraum verursachen.
- Es muss für ausreichend Belüftung gesorgt sein, ohne dass die Vögel Zug abbekommen.

Nachdem Sie einen geeigneten Raum gefunden haben, können Sie entscheiden, wie viele Zuchtkäfige Sie darin unterbringen wollen. Vergessen Sie nicht, dass Sie täglich ausreichend Zeit für die Versorgung Ihrer Vögel haben müssen. Wenn Sie wenig Zeit haben, schaffen Sie sich keine Haustiere an! Selbst ein einzelnes zahmes Tier kostet Zeit. Sie müssen Ihren Vögeln täglich frisches Futter und Trinkwasser bieten und beobachten, ob sie sich normal verhalten und nicht krank sind. Während der Zuchtperiode ist es ratsam, die Nistkästen mindestens einmal pro Tag zu kontrollieren.

Zuchtanlage

Das Foto zeigt ein Beispiel für eine saubere Zuchtanlage

Außerdem müssen Sie die Käfige wöchentlich gründlich reinigen. Wenn Sie der Meinung sind, dass Sie dafür genug Zeit haben, dann können Sie anfangen.

Ein ausreichendes Maß für einen Zuchtkäfig ist 80 x 40 x 40 Zentimeter. Dies sind die Standardmaße von Käfigen für Agaporniden, die Sie im Handel bekommen. Wenn Sie Taranta-Unzertrennliche züchten wollen, dann brauchen Sie allerdings größere Käfige. Wer handwerklich geschickt ist, kann die Käfige am besten selbst herstellen (Mindestmaße 100 x 50 x 40 Zentimeter).

Falls die Käfige groß genug sind, können Sie die Nistkästen im Käfig anbringen. So laufen Sie nie Gefahr, dass jemand dagegen stößt und die Vögel so aufschreckt. Ein Nachteil ist allerdings, dass sie schwieriger zu reinigen sind und dass sie immer aus dem Käfig herausgeholt werden müssen, um das Nest zu kontrollieren. Wenn Sie den Nistkasten dagegen außerhalb des Zuchtkäfigs anbringen,

Die Unterbringung bei mir

Der Raum, in dem meine Vögel brüten, ist 2,88 Meter mal 2,18 Meter groß mit zwanzig Zuchtkäfigen darin. In diesen Käfigen sitzen die Vögel nur während der Brutzeit. Die Käfige sind dreißig Zentimeter vom Boden entfernt und vier Reihen hoch. Um die oberste Reihe zu reinigen, muss ich auf einem Treppchen stehen. Es gibt keine Fenster in dem Raum, aber das Dach besteht aus 16 mm dicken Polykarbonat-Doppelsteg-Platten. Diese sorgen für ausreichenden Lichteinfall und haben eine perfekt isolierende Wirkung im Winter. Es gibt eine Abdeckung auf halber Höhe des Daches, sodass nicht zu viel direktes Sonnenlicht auf die Käfige fällt, wodurch die Temperatur zu hoch steigen könnte. Die Bäume draußen sorgen zusätzlich für den nötigen Schatten. Ein elektrischer Dimmer regelt die künstliche Beleuchtung. Eine kleine Heizung hält im Winter den Frost draußen.

An der Außenseite des Raumes ist eine zusätzliche Schiebetür mit Drahtgeflecht, die den Raum im Sommer vor Katzen sichert, wenn die Gartentür offensteht. Agaporniden sind ja dafür bekannt, dass sie keine Probleme damit haben, die Türen ihrer Käfige selbst zu öffnen. Aber auf diese Weise kann kein einziger Vogel aus dem Raum entkommen. Als zusätzliche Sicherheitsmaßnahme kann ich die Türchen der Käfige mit einem Extra-Riegel schließen. (Es ist allerdings einfacher, ein zusätzliches Gewicht an die Schiebetüren zu hängen. Denn dann kann ich selbst immer noch problemlos die Türchen öffnen, während es für die Agaporniden gerade ein wenig zu schwer ist, um diese hochschieben zu können.)

Über der Eingangstür befindet sich noch ein kleines Belüftungsklappchen. Dieses wird nur in den Wintermonaten für die Jungvögel und Zuchtpaare in der Ruhephase gebraucht. Für sie habe ich einen extra Raum mit drei großen Volieren darin. Für den Sommer habe ich draußen drei große Volieren, in denen die Vögel „auf Urlaub" sind. Da Agaporniden problemlos alles zerstören, was aus Holz ist, sind diese Volieren aus Eisen und Aluminium gebaut. Aber im Sommer biete ich ihnen regelmäßig Weidenzweige an (in einem runden Köcher, der an der Innenseite festgemacht wird). Es ist eine wahre Freude zu sehen, wie meine Vögel sich damit amüsieren. In kürzester Zeit schaffen sie es, die Zweige zum großen Teil zu zerbeißen. Für die Vögel ist das herrlich und für mich ist es ein Weg, um die Sitzstöcke mehr oder weniger vor ihren „vernichtungssüchtigen Schnäbelchen" zu bewahren.

können Sie ihn (sofern nötig) leicht reinigen. Es ist auch leichter, die Nistkästen zu kontrollieren, aber es kann auch passieren, dass jemand dagegen stößt. Der größte Nachteil ist allerdings, dass die Vorderseite des Käfigs teilweise nicht mehr einsehbar ist und es daher schwieriger wird, die Vögel zu beobachten. Denn schließlich ist das eine der schönsten und wichtigsten Beschäftigungen im Vogelhaus. Nun ist es an Ihnen, die Vor- und Nachteile beider Systeme abzuwägen ...

Neben den Zuchtkäfigen müssen Sie auch Raum haben, um einige größere Abteile bzw. Volieren anzulegen. Diese sind nötig, um nach der Zuchtzeit die Jungvögel oder Zuchtpaare unterzubringen. Diese Abteile können neben- oder übereinander angebracht werden. Wichtig ist, dass die Vögel in diesen Volierenabteilen ausreichend Raum haben, um ihre Flügel auch einmal gut gebrauchen zu können. Jungvögel und Brutpaare in der Ruhephase haben das in jedem Fall nötig, um sich physisch ausreichend entwickeln und/oder wiederherstellen zu können.

Obwohl es verschiedene Liebhaber gibt, die ihre Vögel im Wohnzimmer im Käfig brüten lassen, ist es doch ratsam, wenn man ernsthaft mit den Vögeln züchten will, einen eigenen Raum dafür frei zu machen.

Agaporniden als Haustier

Haustiere werden meistens in einem Käfig und manchmal in einer Zimmervoliere untergebracht.

Ein Käfig im Haus

Es gibt für Agaporniden die verschiedensten Arten von Schmuckkäfigen und unzählige Modelle zu kaufen. Aber wer ein bisschen geschickt ist, kann auch selbst einen Käfig bauen. Wenn Sie handwerklich begabt sind und Phantasie haben, können Sie einen Käfig bauen, der perfekt an Ihre Inneneinrichtung angepasst ist. Eines der schönsten „Bauwerke“, die ich jemals gesehen habe, ist zweifelsohne ein alter Bücherschrank, dessen

oberes Teil zu einem Vogelkäfig umgebaut war. Die geschlossenen unteren Schrankteile wurden dazu verwendet, um das Zubehör für die Vögel unterzubringen. Das obere Teil war ungefähr 50 cm tief, 120 cm breit und 120 cm hoch. Die Beleuchtung war eingebaut, und es gab einige Naturzweige als Sitzstöcke. Der Nistkasten war ein ausgehöhlter Baumstamm und ein schönes Poster als

Die Einzelhaltung bei Agaporniden ...

... sollte nicht praktiziert werden.

Blick auf einen integrierten Nistkasten.

Diese Form ist optisch ansprechender als ein an der Vorderseite angehängter Nistkasten.

Hintergrund machte das Bild perfekt. Der Schrank stand auf einer Veranda und war für die Halter ihre Art, um sich abends zu entspannen und das zu genießen, was sich in diesem Käfig abspielte.

Falls Sie nicht so geschickt sind und lieber einen Käfig (aus zweiter Hand) kaufen wollen, denken Sie daran: Je größer der Käfig ist, umso besser! Selbst wenn es nur darum geht, einen einzelnen Vogel zu versorgen: Der Käfig muss in jedem Fall groß genug sein. Es muss auch ausreichend Platz vorhanden sein, um hin und wieder einige Zweige darin anzubringen, sodass Ihre Vögel ihre Schnäbel auch irgendwo abarbeiten können. Vor allem wenn ein Käfig nur aus Kunststoff besteht, müssen Sie darauf achten, regelmäßig Zweige in den Käfig zu hängen, damit die Vögel auch nagen können. Wenn die Vögel nicht brüten sollen, achten Sie in jedem Fall darauf, die Reste aus dem Käfig zu entfernen, wenn die Zweige zerbissen sind. Denn wenn Sie diese liegen lassen, besteht die Gefahr, dass die Vögel auf dem Boden des Käfigs ein Nest daraus bauen.

Ein Agapornide in einem Käfig ist ein echter Akrobat. Sorgen Sie deshalb dafür, dass einige Spielzeuge vorhanden sind. Ein Spielzeug muss nicht viel kosten. Einfach oben im Käfig ein Tau aufzuhängen kann für die Vögel schon ein richtiges Fest bedeuten. Außerdem muss im Käfig ein Vogelbad vorhanden sein. Agaporniden lieben es nämlich, mehrere Male am Tag zu baden.

Achten Sie bei der Anschaffung eines Käfigs für einen Hausvogel auch darauf, dass die Gitterstäbe horizontal verlaufen. Agaporniden lieben es, zu klettern. Verlaufen die Stäbe vertikal, ist ein schönes Kletterspiel nicht möglich. Statten Sie den Käfig mit Sitzstöcken in verschiedener Stärke aus. Dadurch können die Vögel ihre Muskeln in den Zehen und Füßen optimal trainieren. Kontrollieren Sie vorab, ob der Käfig auf einfache Weise gereinigt werden kann. Es ist außerdem wichtig, dass Sie den Vögeln Futter und Wasser geben können ohne das Risiko, dass sie Ihnen entwischen. Futter- und Wassernäpfe müssen so angebracht sein, dass sie nicht umgeworfen werden und die Vögel sich nicht an ihnen verletzen können.

Bodenbelag

Es ist eigentlich selbstverständlich, dass Hygiene eine der wichtigsten Voraussetzungen ist, wenn Sie einen Vogel im Haus in einem Käfig unterbringen. Deshalb müssen Sie regelmäßig den Kot aus dem Käfig entfernen. Der Kot wird nicht am Boden des Käfigs kleben bleiben, wenn Sie eine Bodeneinstreu verwenden, z.B. Muschelsand. Sie können diesen besonderen Sand in einer dünnen Lage auf den Boden des Käfigs streuen. Es ist ratsam, den Sand etwa alle drei bis vier Tage zu erneuern. Sie können auch fertig erhältliche Hobelspäne oder Buchenholzgranulat verwenden, die Sie in Vogelhandlungen bekommen. Im Wohnzimmer kann dadurch allerdings ein ziemliches Chaos entstehen, weil viele Vögel die Späne einfach aus dem Käfig werfen. Manche Halter verwenden Zeitungspapier als Bodenbedeckung. Davon kann man bei Agaporniden nur abraten: Die Vögel werden die Zeitungen völlig zerbeißen und

Zuchtraum

Hygiene im Zuchtraum ist eine der Grundvoraussetzungen für eine gelungene Zucht.

Teile des Papiers fressen. Die Druckerschwärze, die sie damit aufnehmen, ist gesundheitsschädlich!

Der beste Platz im Haus

Welcher Platz im Haus ideal ist, einen Käfig mit Agaporniden dort hinzustellen, hängt von mehreren Faktoren ab. Berücksichtigen Sie in jedem Fall die Tatsache, dass die Vögel manchmal sehr viel Lärm machen und dadurch die Aufmerksamkeit auf sich ziehen. Sie werfen auch oft einen Teil des Futters aus dem Käfig. Der Boden in der Käfigumgebung muss deshalb leicht zu reinigen sein.

Sorgen Sie dafür, dass der Käfig an einem Ort steht, wo eine gleichmäßige Temperatur herrscht. Große Temperaturschwankungen führen garantiert zu Problemen bei der Mauser. Achten Sie darauf, dass der Raum, in dem der Käfig steht, nicht ständig direkter Sonneneinstrahlung ausgesetzt ist, nicht übermäßig viel künstliches Licht bekommt oder zu viel im Dunkeln steht. Es muss eine gewisse Regelmäßigkeit in der Beleuchtung gegeben sein. Ist der Standort des Käfigs an einem Tag von 7 bis 18 Uhr beleuchtet und am nächsten Tag von 6 bis 23 Uhr, wird das sicher zu Problemen führen: Sie bekommen dadurch gestresste Vögel mit allen Folgeerscheinungen. Achten Sie darauf, dass die Vögel nicht zusätzlichem Licht von außen ausgesetzt sind, z. B von vorbeifahrenden Autos. Das führt zu Stress und es kann sein, dass die Vögel in Panik versuchen wegzufliegen oder wild herumflattern. Sobald das Auto weg ist, wird es wieder dunkel und die Vögel können sich verletzen, indem sie gegen etwas fliegen – oder noch schlimmer: Sie können ihren Verwundungen erliegen. Haben Sie einen idealen Platz gefunden, sollten Sie die Vögel so wenig wie möglich umsetzen.

Falls Sie die Vögel an einem schönen Sommertag ein wenig das gute Wetter draußen genießen lassen wollen, achten Sie darauf, dass die Vögel nicht im Zug stehen oder direktem Sonnenlicht ohne die Möglichkeit eines Schutzes ausgesetzt sind. Sie können sich vorstellen, dass das für ihre Gesundheit nicht gerade förderlich ist.

Ernährung

Nahrung ist ein ursprüngliches Bedürfnis aller Lebewesen. Ohne Nahrung kein Leben, so einfach ist es. Und es ist schon viel diskutiert worden über die „beste" Fütterung von Agaporniden.

Manche Menschen studieren jahrelang die idealen Verhältnisse von Aminosäuren, Fetten, Vitaminen und Eiweißen. Fakt ist jedoch, dass die beste Ernährung im Prinzip für jedes Lebewesen unterschiedlich aussieht und sogar von Zeit zu Zeit variiert (wie Mauser, Brut- oder Ruhezeit). Für Unkundige ist es daher ein aussichtsloses Unterfangen, mit dem Zusammenstellen der Nahrung für Agaporniden zu experimentieren. Glücklicherweise gibt es ein umfangreiches Angebot an Vogelfutter, das für Agaporniden sehr geeignet ist.

Ernährung in freier Natur

Agaporniden lebten ursprünglich, bevor der Mensch dazwischen kam, ausschließlich in den tropischen Gebieten Afrikas und Madagaskars. Dort ernähren sich die Vögel noch immer von Samen, Früchten, Beeren, Blattknospen, Blüten, Insekten und deren Larven. Ihr Speiseplan ist – abhängig von der Gegend, wo die Vögel sich aufhalten, und von der Jahreszeit – recht reichhaltig. Aber nicht alle Samen oder Früchte sind das ganze Jahr über vorhanden.

Die verschiedenen Arten der Agaporniden haben in freier Natur keine Probleme mit gegenseitiger „Futterkonkurrenz", weil jede Art sich in ihrem eigenen Habitat befindet: Jede Art hat ihre eigenen Ernährungsgewohnheiten. So frisst das Orangeköpfchen (*A. pullarius*) Grassamen unten am Boden, während das Grünköpfchen (*A. swindernianus*) Feigen, Samen und Insekten in den Baumspitzen verzehrt.

Links: Schwarzköpfchen ...

... bei der Nahrungsaufnahme

Taranta-Papagei beim Fressen von Blüten

In freier Natur ist der Zugang zu ausreichend Nahrung überlebensnotwendig.

Da Agaporniden in freier Natur mehr als vierzig verschiedene Pflanzenarten teilweise oder ganz als Nahrungspflanzen nutzen, ist es vergebliche Liebesmühe zu analysieren, was sie täglich zu sich nehmen. Außerdem würde man die Resultate einer solchen Analyse doch nicht verwenden können, um die Ernährungsbedürfnisse in Menschenobhut festzustellen: Bei unseren Vögeln sind diese völlig anders als in freier Wildbahn. Die Nahrungsbedürfnisse hängen ja auch immer vom Energieverbrauch ab. Und ein Käfigvogel verbraucht wesentlich weniger Energie als ein wilder Vogel. Außerdem, ganz gleich wie schön und idyllisch man sich das auch vorstellen mag: In freier Natur überleben nur die Stärksten. Jeden Tag müssen sie nach Nahrung suchen, und wenn es zu wenig zu fressen gibt, sind es immer die Stärksten, die sofort das meiste und beste Futter für sich in Beschlag nehmen. Die harte Regel der Natur ist und bleibt: Nur die Stärksten überleben.

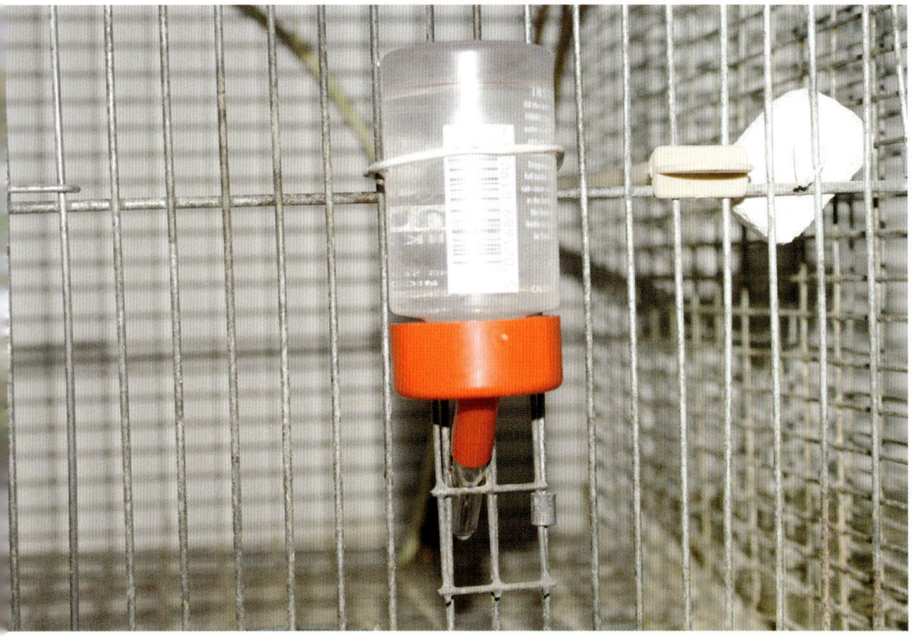

Trinkröhrchen für Hamster

Wenn die Vögel daran gewöhnt sind, garantiert diese Methode grunsätzlich sauberes Wasser.

Trinken

Ihre Vögel müssen täglich über frisches Trinkwasser verfügen. Wasser ist die wichtigste „Ernährungsergänzung“, denn ein Individuum kann länger ohne Nahrung überleben als ohne Wasser.

In einem Käfig können Sie Trinkfläschchen verwenden, die ans Gitter gehängt werden. Diese haben am unteren Ende gerade genug Platz für den Schnabel, sodass sie nur als Trinkgelegenheit genutzt werden können. Agaporniden haben ein Bedürfnis zu baden, und wenn sie die Gelegenheit dazu bekommen, dann tauchen sie in alles ein, was mit Wasser gefüllt ist. Sie können sich daher vorstellen, dass Ihre Vögel, wenn Sie ihnen nur eine Schale mit Trinkwasser in den Käfig stellen, als erstes darin baden. Das Wasser wird so schnell verdreckt sein und ist als Trinkwasser nicht mehr zu gebrauchen. Es ist auch ratsam, die Schale mit dem Badewasser nach einiger Zeit wieder wegzunehmen, um die Vögel zu zwingen, aus den sauberen Trinkröhrchen zu trinken. Wenn Sie mehrere Vögel in einer Voliere halten, können Sie an verschiedenen Stellen Trinkbehälter aufhängen.

In jedem Zoogeschäft oder im Vogelhandel können Sie verschiedene Trinkbehälter finden. In den letzten Jahren gibt es einen Boom bei den sogenannten „Hamsterflaschen“. Diese vollständig geschlossenen Behälter haben unten ein Röhrchen, an dem immer ein Wassertropfen hängt. An diesem Tropfen können die Vögel problemlos ihren Durst löschen. Der große Vorteil dieser Tropfenflaschen ist, dass das Trinkwasser nicht verschmutzen kann. Selbst in den normalen Trinkröhrchen brauen Agaporniden noch „ihr Tagessüppchen“, indem sie allerlei Körner oder Zweigstückchen darin einweichen. Das ist bei den „Hamsterflaschen“ ausgeschlossen. Ein Nachteil ist hingegen, dass die Vögel dieses System erst kennenlernen müssen. Aber die Erfahrung lehrt, dass dies ohne allzu viele Probleme geschieht. Außerdem müssen Sie täglich kontrollieren, ob das System nicht verstopft und ein Tropfen Wasser zu sehen ist.

Samenmischungen

Für unsere domestizierten Vögel ist das Fressen etwas einfacher als für ihre wilden Artgenossen. Die Vögel müssen nicht selbst auf die Suche nach Nahrung gehen, denn Sie als Halter kümmern sich ja um ihre Versorgung. Außerdem wollen Sie natürlich das Beste für Ihre Tiere, und die Hersteller von Tierfutter richten sich darauf gerne ein. Es gibt ausreichend gebrauchsfertige Samenmischungen zu kaufen: Für praktisch jede Vogelart gibt es ein auf sie abgestimmtes Vogelfutter, und Samenmischungen sind in Verpackungen von 1 kg, 5 kg und 20 kg zu bekommen. In den meisten Fällen erfüllen diese Samenmischungen alle an sie gestellten Anforderungen. Es gibt keinen Fabrikanten, der es sich erlauben kann, minderwertige Produkte auf den Markt zu bringen. Dafür ist die Konkurrenz zu groß.

Jede Samenmischung ist ausreichend vielfältig, und die Zusammenstellung sollte im Gleichgewicht und ausgewogen sein. Das Problem besteht allerdings in der Tatsache, dass die Mischungen aus verschiedenen Saaten bestehen, und Agaporniden haben nun einmal die Neigung, zuerst ihre Lieblingssamen herauszusuchen und dann den Rest liegen zu lassen. Das kann auf die Dauer dazu führen, dass Ihre Vögel Vitamin- und Mineralstoffmangel bekommen, weil sie eine zu einseitige Nahrung zu sich nehmen. Sie vermeiden das, indem Sie Ihren Vögeln eine Ration geben, die gerade für einen Tag ausreicht. Sie werden morgens die Samen fressen, die sie am liebsten mögen. Weil es später am Tag nichts anderes mehr gibt als die restlichen Saaten, fressen sie diese dann doch. So können Sie ziemlich sicher sein, dass die Ernährung mehr oder weniger vollständig ist.

Samen, die am häufigsten in Samenmischungen vorkommen, sind: Kanariensaat, geschälter Hafer, Hanf, Leinsamen, gelbe Hirse, weiße Hirse, Japanische Hirse, Kardi, Buchweizen, Paddy-Reis und Hafer. Manchmal sind auch noch weiße und gestreifte Sonnenblumenkerne hinzugefügt. Über das ideale Verhältnis zwischen den verschiedenen Samen hat beinahe jeder Liebhaber seine eigene Theorie.

Beachten Sie bei den Samenmischungen, dass die Vögel die Samen schälen. Es bleibt darum meistens recht viel Abfall im Futtergefäß und auf dem Boden übrig. Kontrollieren Sie das Futtergefäß deshalb gut! Denn mancher Vogel ist schon durch Futtermangel gestorben, weil sein Besitzer die Hülsen für Samen gehalten hat. Nehmen Sie das Futtergefäß in die Hand und blasen Sie die leeren Samenhülsen heraus. So bleiben nur die schwereren, noch nicht gefressenen Samen übrig. Es gibt auch verschiedene Apparate zu kaufen, die die Hülsen von den Samen trennen. Jeder einigermaßen fähige Heimwerker kann mit einem einfachen Föhn und etwas Geschick einen Samentrenner zusammenbasteln. Die Frage bleibt allerdings, ob die nicht aufgefressenen Samen, die aus den Hülsen wieder auftauchen, nicht zu verschmutzt sind, um sie den Tieren nochmals anzubieten. Vor allem wenn Sie mehrere Zuchtpaare haben, wird es gefährlich. Wenn Sie die Reste aus den unterschiedlichen Boxen sammeln und zusammenschütten, um die übriggebliebenen Samen wieder auf alle Tiere aufzuteilen, riskieren Sie, dass auf diese Art Bakterien und Pilze von einer Box in die nächste eintragen. Verwenden Sie dieses System zum „Samen-Recyceln" deshalb nur pro Box oder Käfig!

Die Samen können den Vögeln auf verschiedene Weise angeboten werden: von einer einfachen Schale auf dem Boden bis zu einem höchst effizienten Futterautomaten. Es gibt unendlich viele Möglichkeiten. Was sich bewährt hat, ist die Samen in kleinen Futterschalen anzubieten. Diese werden auf einem Futterbrett angebracht. Die Samen, die von den Vögeln aus der Futterschale geworfen werden, bleiben auf dem Futterbrett liegen, wo sie dann später doch gefressen werden. Kolbenhirse können Sie einfach in einem Bündel an die Wand oder an die Decke hängen. In einem Käfig hängen Sie die Kolbenhirse ans Gitter.

Bringen Sie in einer Voliere mehrere Futtergefäße – verteilt über die ganze Voliere – an. So vermeiden Sie eine zu große Konzentration von Vögeln,

Samenmischung

Eine ausgewogene Ernährung ist Grundvoraussetzung für eine gute Haltung.

Eifutter

Gutes Eifutter ...

... ist während der Zuchtphase sehr zu empfehlen; links ist ein Fertigeifutter zu sehen, rechts ein mit Karotten und verschiedenen Samen angereichertes

die alle als erste fressen wollen, wodurch leicht kleinere Reibereien entstehen. Jüngere oder schwächere Vögel haben so auch die Chance, in Ruhe zu fressen. Selbstverständlich sind alle Futtergefäße täglich zu reinigen. Benutzen Sie dafür warmes Wasser und ein desinfizierendes (aber nicht giftiges) Produkt. Diese Produkte sind im Zoofachhandel, in der Apotheke oder Drogerie zu bekommen.

Eifutter

Wenn Sie mit Ihren Vögeln auch züchten wollen, müssen Sie zusätzliche Nahrung anbieten. Vögel, die Nachkommen versorgen, haben nämlich andere, spezifische Ernährungsbedürfnisse. Die Weibchen müssen nicht nur Eier legen, sondern entsprechende Nahrungsstoffe aufnehmen, mit denen sie ihre Jungen in den ersten Tagen und später füttern können. Das verlangt natürlich eine andere Nahrungszusammenstellung. Darum füttern viele Liebhaber ihren Vögeln in der Brutzeit Eifutter zu. Die zugrundeliegende Idee ist einfach: Auf diese Art geben Sie den Vögeln zusätzliche Eiweiße und Vitamine. Früher wurde das Eifutter meist selbst hergestellt, heutzutage gibt es Eifutter von guter Qualität gebrauchsfertig zu kaufen.

Auch was das Eifutter angeht, hat jeder Liebhaber sein eigenes „Geheimnis". Der eine mischt verschiedene Marken Eifutter miteinander, der andere fügt noch weitere Samen hinzu. Auch Obst wird nicht selten dem Eifutter beigemengt. Apfelstückchen sind meistens die Favoriten der Vögel. Auch ein wenig geraspelte Möhre dem Eifutter hinzuzufügen, ist sehr beliebt. Viele Liebhaber schwören darauf, dass das Karotin in den Möhren für eine perfekte rote Farbe der Maske bei Agaporniden sorgt. Leider ist das ein Trugschluss. Denn die rote Maske kommt bei Agaporniden durch das Vorhandensein von rotem Psittacin zustande. Die Farbe des Psittacins wird durch eine zusätzliche Gabe von Farbstoffen in keiner Weise beeinflusst.

Viele Menschen schwören auf ihr selbstgemachtes Eifutter. Das Grundrezept ist immer gleich: Brot, ein gekochtes Ei und zusätzliche Vitamine. Diese zusätzlichen Vitamine sind überhaupt nicht problematisch, sofern Sie beachten, dass die Zusammenstellung ausgewogen ist. Übertreiben Sie nicht und denken Sie daran, dass zwar ein wenig zusätzliche Vitamine nicht schaden können, aber ein Übermaß schon. Menschen schlucken auch nicht jeden Tag Vitaminpräparate. Und selbst wenn sie das tun sollten, würde das immer noch keine „Supermenschen" aus ihnen machen. Vitamine sind zwar notwendig, aber in Maßen! Es gibt dabei nämlich einen ganz einfachen Grundsatz: Was oben zu viel reingeht, kommt unten meistens von selbst wieder heraus!

Vergessen Sie auch nicht, dass ein Zuviel an bestimmten Vitaminen sogar schädlich für die Gesundheit sein kann. Das gilt für alle fettlöslichen

Vitamine (Vitamin A, D, E und K). Diese werden – im Gegensatz zu den wasserlöslichen Vitaminen – nicht wieder über die Nieren ausgeschieden, sondern im Körperfett gespeichert. Das hat zur Folge, dass ein Übermaß auch wirklich schädlich sein kann. Am gefährlichsten sind die D-Vitamine, denn ein Zuviel führt zu einer Vitamin-D-Hypervitaminose, bei der es zu Kalkablagerungen in den Weichteilen, vor allem in den Blutgefäßen und in den Nieren, kommen kann. Ein Zuviel an Vitamin A beeinträchtigt die Beweglichkeit der Gelenke und kann bei brütenden Vögeln auch zu Fehlbildungen bei den Nestjungen führen. Die Jungen können angeborene Tumoren haben, die oft „totgeborene Junge" zur Folge haben. Besser gesagt: Das Schlüpfen der Jungen gelingt nicht mehr. Intoxikation (Vergiftung) durch Vitamin E und K kommt dagegen seltener vor, weil die meisten Präparate diese nur in geringer Dosis enthalten. Vitamin E ist außerdem nur dann toxisch, wenn gleichzeitig Selen im Präparat enthalten ist (die zwei wirken nämlich zusammen). Darum ein guter Rat, wenn Sie Ihr eigenes Eifutter zusammenstellen: Halten Sie sich, was die Vitaminpräparate betrifft, an die vorgeschriebene Dosis!

Wichtig ist, das Eifutter täglich frisch zuzubereiten. Geben Sie nie mehr, als die Vögel auf einmal aufnehmen können. Eifutter hat die Neigung, sauer zu werden, besonders dann, wenn Obst oder Wasser hinzugefügt wird. Prinzipiell ist eine gute Samenmischung in Kombination mit einem ausgewogenen Eifutter und etwas Grünfutter vollkommen ausreichend für Agaporniden. Leider fangen viele Menschen nach eigenem Gutdünken stets von neuem an zu experimentieren, wodurch immer wieder vom einem oder anderen Bestandteil zu viel oder zu wenig vorhanden ist. Im schlimmsten Fall wird die Ernährung dann zu einseitig. Auf lange Sicht kann das für die Gesundheit der Vögel ernst zu nehmende Folgen haben!

Keimfutter

Gekeimte Samen sind dazu da, den Vögeln auf einfache Art ein wenig zusätzliches Grünfutter und Vitamine zu verabreichen. Die Samen können Sie selbst ankeimen. Das geht wie folgt: Spülen Sie die Samen zunächst gründlich unter fließend kaltem Wasser ab. Lassen Sie sie danach ungefähr zwölf Stunden auf Zimmertemperatur einweichen. Erneuern Sie in dieser Zeit das Einweichwasser vier bis fünf Mal. Gießen Sie dann die gequollenen Samen in Keimschalen, in denen sie innerhalb 48 Stunden langsam keimen. Erneuern Sie auch das Wasser in den Keimschalen regelmäßig. Spülen Sie die Samen schließlich mit reichlich kaltem Wasser ab und lassen Sie sie abtropfen. Geben Sie sie Ihren Vögeln als Zusatzfutter und mischen Sie sie mit etwas Eifutter.

Im Zoofachhandel gibt es gebrauchsfertige Mischungen für Keimfutter zu kaufen, die speziell für Agaporniden zusammengestellt sind. Meistens enthalten diese Mischungen Kardi, Buchweizen, Paddy-Reis, Weizen, Gerste, Hafer, Milo, Dari, Hanf und Katjang Idjoe (Sojabohnen). Es gibt auch Liebhaber, die einzig und allein gekeimten Weizen und Hanf geben, in der Annahme, dass diese Samen den Geschlechtstrieb verstärken. Für

Das Herstellen von Keimfutter ...

... ist nicht schwierig, zumal der Handel entsprechende Schalen und Samenmischungen bereithält

Extrudate

Viele Züchter scheuen sich immer noch, diese moderne Form der Ernährung einzusetzen.

diese Annahme gibt es bis heute jedoch keinerlei Beweise. Ein Nachteil von Keimfutter-Mischungen ist, dass nicht jeder Samen gleich schnell anfängt zu keimen. Die eine Samenart keimt nach einem Tag, während andere Samen manchmal längere Zeit benötigen.

Wie bereits gesagt, ist die ideale Fütterung von vielen Faktoren abhängig. Gekeimte Samen können zwar bestimmte Vitamin-Mangelerscheinungen beseitigen (obwohl jeder seine eigene Meinung dazu hat, welchen Nutzen Keimfutter hat), sie sind aber mit Sicherheit kein Wundermittel, wie manchmal behauptet wird. Auch hier ist eine Warnung angebracht: Nehmen Sie das Keimfutter, das nicht gefressen wurde, einige Stunden, nachdem Sie es angeboten haben, aus dem Käfig, denn es wird sehr leicht sauer.

Pellets und Extrudate

Diese Ernährungsmethode kam ursprünglich aus den USA und wurde vor einigen Jahren in Europa eingeführt. Das dieser Ernährung zugrundeliegende Prinzip ist recht einfach: Alle notwendigen Ernährungsbestandteile werden zu einem flüssigen Ganzen verarbeitet und dann zu leicht verdaulichen Körnern (Pellets/Extrudate) gebacken. So bekommt der Vogel immer eine ausgewogene Nahrung. Da die Körner alle dieselbe Zusammensetzung haben, gibt es keinerlei Gefahr von Mangelerscheinungen. Darüber hinaus gibt es noch weitere Vorteile: So gibt es beinahe für jede Vogelart eine spezifische Pellet-Ernährung zu kaufen. Auch das Füttern von Eifutter und Vitaminpräparaten während der Zuchtperiode wird überflüssig. Die Körner werden ganz verzehrt, sodass wenig oder gar kein Abfall übrigbleibt.

Ein Nachteil könnte darin bestehen, dass Sie den Vögeln erst beibringen müssen, wie sie die Körner fressen müssen. Aber wenn sie erst einmal daran gewöhnt sind, dann hat man mit Pellets keine Probleme mehr. Die Erfahrung zeigt, dass Agaporniden sehr leicht auf diese andere Ernährungsart umschalten können. Fangen Sie damit an, täglich einen kleinen Prozentsatz Samen durch Pellets zu ersetzen. Dann erhöhen Sie diesen Prozentsatz täglich immer mehr, bis die Vögel an dieses Futter gewöhnt sind. Danach können Sie langsam alle Samen durch Pellets oder Extrudate ersetzen.

Wie bei allen Neuerungen, so gibt es auch hier standhafte Gegner dieser Ernährung. Es gibt manche, die davor warnen, dass es keine Kontrolle darüber gibt, ob alle angegebenen Inhaltsstoffe auch vorhanden sind. Andere sagen, dass diese Ernährung gegen die Natur der Vögel verstößt: Schließlich sind sie ja Körnerfresser, die ihre Nahrung schälen. Aber denken Sie daran, dass vor dreißig Jahren auch mancher seine Nase darüber gerümpft hat, als Hundetrockenfutter-Pellets eingeführt wurden. Trotzdem sind sie heutzutage überhaupt nicht mehr wegzudenken.

Extras und Grünfutter

Jeder will sich selbst, aber auch seinen Haustieren ab und zu etwas gönnen. Dagegen gibt es überhaupt nichts zu sagen, solange Sie es nicht übertreiben. Behalten Sie immer im Hinterkopf, dass es um etwas außer der Reihe geht. Agaporniden sind ganz versessen auf Obststückchen, etwas Kolbenhirse, halbreifen Mais und Brokkoli. Es ist sicher ratsam, diese Dinge hin und wieder zu reichen. Sorgen sie in jedem Fall dafür, dass diese Extras natürlichen Ursprungs sind (also ohne künstliche Farbstoffe und am besten ungespritzt). Geben Sie keinen Zucker und andere Süßigkeiten. Ideal ist ab und zu etwas Grünfutter. Das kann ein Blatt Salat sein, Vogelmiere oder Chicorée – ihre Vögel werden es lieben. Auch ab und zu ein Stückchen Obst (Apfel ist sehr beliebt) wird sicher nicht verschmäht. Denken Sie jedoch daran, dass Sie ihnen das nur sehr begrenzt anbieten dürfen. Zuviel Grünfutter oder Obst kann zu Durchfall führen. Und Grünfutter oder Obst, das nicht direkt aufgefressen wird, verdirbt relativ schnell.

Extra-Kuren

Die meisten Züchter, um nicht zu sagen: alle, haben die Gewohnheit, ihren Vögeln ein- oder mehrmals pro Jahr eine Kur zu gönnen. Meistens wird kurz vor der Brut- oder Ausstellungszeit die Ernährung der Vögel umgestellt. Dann werden dem Trinkwasser Vitamine hinzugefügt. Man reicht zusätzliches Eifutter, oder es wird eine „vollständig abgestimmte" Ernährung gegeben. Jeder schwört dabei auf sein eigenes System. Wenn nur Körner und Eifutter gegeben werden, ist es sogar ratsam, kurz vor der Brutzeit und während der Mauser zusätzliche Vitamine zu geben. Achten Sie auch dabei auf einige Regeln: Halten Sie sich vor allem an die angegebenen Mengen und mischen Sie niemals nach eigenem Gutdünken Vitaminpräparate. Wenn die Verhältnisse nicht mehr stimmen, geht die beabsichtigte Wirkung des Präparates verloren. Vergessen Sie nicht, dass ein Zuviel an Vitaminen einfach keinen Sinn ergibt, weil die wasserlöslichen Vitamine über die Niere wieder ausgeschieden werden. Ein Zuviel von bestimmten fettlöslichen Vitaminen ist sogar geradezu gefährlich. Denken Sie daran, während einer Kur das Trinkwasser mit den darin gelösten Vitaminen oder das Eifutter mit den Ernährungszusätzen täglich zu erneuern.

Ernährung während der Brutzeit

Es ist selbstverständlich, dass Vögel während der Brutzeit über ein anderes Futter verfügen als außerhalb dieser Zeit. Lediglich eine einfache Körnermischung zu geben, reicht in dieser Zeit auf gar keinen Fall. Sie können das vergleichen mit einem Top-Sportler: Während der Ruhezeiten wird sein Körper andere Nährstoffe benötigen als in den Zeiten, in denen er Höchstleistungen vollbringen muss, und jemand, der täglich draußen schwere körperliche Arbeit verrichtet, braucht auch eine andere Ernährung als einer, der drinnen im Sitzen arbeitet. So muss auch die Ernährung Ihrer Agaporniden den jeweiligen Umständen angepasst werden.

Die Umstellung der Ernährung muss schon einige Monate vor der Zuchtperiode beginnen. Das Weibchen darf nicht erst dann zusätzliche Vitamine bekommen, wenn es bereits Junge hat. Nein, Sie müssen zwei Monate, bevor Sie die Nistkästen aufhängen, den Vogelkörper schon langsam auf die bevorstehende Zuchtperiode vorbereiten. Wenn Sie Extrudate oder Pellets geben, ist es einfach. Denn für jede Vogelart gibt es eine Mischung mit wenigen Eiweißen für die Zeit außerhalb der Brut und ein spezielles Futter für die Brutzeit. Sie brauchen dann nur auf diese andere Ernährung umzustellen. Diese Pellets enthalten eine zusätzli-

Hagebutten ...

... und andere Früchte sowie Grünfutter sind als Ernährungs-Ergänzung sehr zu empfehlen.

Meine Agaporniden-Fütterung

So wie die meisten Züchter habe ich meinen Vögeln früher eine Basisernährung aus Samen, Ei- und Grünfutter gegeben. Als ich als Kind mit der Zucht von Vögeln begann, habe ich manchmal erfahrene Züchter mit großer Ehrfurcht angesehen. Sie griffen eine Handvoll Körner aus einem Sack beim Händler heraus und konnten im Nu sehen, ob es eine gute oder schlechte Mischung war. Ich habe mich damals immer gefragt, wie diese Menschen das beurteilen konnten. Klammheimlich habe ich dann auch einen Blick darauf geworfen, aber für mich sah alles gleich aus. Eigentlich habe ich später kaum darüber nachgedacht, was eine wirklich gute Ernährung ausmacht. Ich ging zum Händler und richtete mich meistens nach seinem Rat: Körner, Eifutter und zweimal pro Woche Grünfutter. Von Vitamingaben hatte man damals, vor mehr als dreißig Jahren, noch nie etwas gehört.

Kolbenhirse

Beliebte Nahrung bei Agaporniden

Erst viel später bekam ich von befreundeten Züchtern zu hören, dass es bei den Händlern Produkte gab, die man ins Trinkwasser gab und die dann für „bessere Zuchtergebnisse" sorgten. Es war ebenfalls ein befreundeter Züchter, der mir das „Geheimnis" des Keimfutters anvertraute. Ich folgte diesem goldenen Ratschlag und schrieb daraufhin alle guten Zuchtresultate nur diesen „Wundermitteln" zu. Ich konnte allerdings keine Erklärung dafür finden, wenn es schlecht lief. Erst später begriff ich, dass eine gute Ernährung nicht so leicht selbst zusammenzustellen ist.

1997 lernte ich zum ersten Mal Pellets kennen. Ich war damals Redakteur des Vereinsblatts der BVA (Belgische Vereinigung für Agaporniden) und bekam eine Einladung von einem großen Tierfutter-Fabrikanten zur Presse-Präsentation seines neuesten Produktes: Pellet-Futter. Ich kann Ihnen versichern, dass ich diesem neuen Futter sehr skeptisch gegenüberstand, und ich hatte eine Menge Bedenken. Es wurde alles in rosaroten Farben präsentiert, aber meinen eigenen Vögeln dieses Futter zu geben, das konnte ich mir nicht vorstellen. Es kam mir allenfalls wie eine nette Öffentlichkeits-Veranstaltung vor. Und dabei sollte es auch zweifellos bleiben. Wer gab seinen Vögeln schon Pellets? Und außerdem hatten andere Züchter ja auch ihre Meinung dazu. Das „Hörensagen" spielt bei Züchtern oft eine große Rolle. Aber leider wird einem so nicht bewusst, dass man natürlich auch Lügen hört, z.B. dass Pellets sogar durch und durch schlecht seien. Für (konservative) Liebhaber war die klassische Art der Ernährung noch immer die beste.

Zu meiner Überraschung hörte ich ein paar Monate später von einem Freund, dass er seine Orangeköpfchen (*A. lilianae*) mit diesen neuen Pellets fütterte. Und er war offensichtlich sehr zufrieden damit. Ein anderer Bekannter hatte probehalber die Hälfte seiner Wellensittiche auf Pellet-Futter umgestellt und war ebenfalls sehr zufrieden. Ich hatte zu dem Zeitpunkt gerade eine schlechte Zuchtsaison hinter mir. Mein Freund schlug deshalb vor, dass ich doch einmal einen Versuch mit Pellets machen sollte. Etwas halbherzig schaffte ich mir einen Fünf-Kilo-Sack Pellets für Großsittiche an. Wir vermischten sie mit dem gebräuchlichen Futter und warteten ab, was passierte. Natürlich warfen meine Vögel die fremden, unbekannten Brocken aus dem Futternapf. Es sah nicht gerade vielversprechend aus, denn die Vögel fraßen sie anscheinend überhaupt nicht. Ich nahm daraufhin mit dem Fabrikanten Kontakt auf und bekam den Rat, seine Fütterungsmethode zu benutzen, um die Umstellung auf Pellets optimal verlaufen zu lassen. Seine Methode basierte darauf, den Anteil der Pellets im Futter langsam zu erhöhen. „Na, hoffentlich geht das gut!"dachte ich.

Als Erstes bekamen die Vögel gerade genug Futter für einen Tag. Darunter wurden ungefähr 10 Prozent Pellets gemischt. Natürlich blieben diese am ersten Tag liegen. Am folgenden Tag bekamen sie nur noch 80 Prozent Samen und 20 Prozent Pellets. Nun sah ich doch, dass an dem einen oder anderen Pellet schon geknabbert wurde. Sollte es etwa doch noch gelingen? Am folgenden Tag bekamen die Vögel 70 Prozent Körner und ansonsten Pellets. Zu meiner großen Überraschung sah ich an diesem Tag, dass ein paar Pfirsichköpfchen Pellets fraßen! Langsam wurde der Anteil Pellets erhöht, bis ich zu einem Verhältnis von 20 Prozent Körner zu 80 Prozent Pellets kam. Dennoch fand ich, dass die Vögel noch viel zu sehr dazu neigten, die großen Brocken zu schälen, wodurch zu viel Abfall auf dem Boden lag. Mein Freund gab mir den Rat, zu einem kleineren Format von Pellets überzugehen, die für Agaporniden besser geeignet seien. Dieser Wechsel ging schnell. Nach ein paar Tagen fraßen die Vögel die Brocken ohne Probleme ganz auf, ohne sie erst zu „schälen".

Nun waren die Vögel zwar erfolgreich auf ein anderes Futter umgestellt, aber die Brutresultate standen ja noch aus. Mit gehörigen Zweifeln setzte ich die Vögel in die Brutkäfige um. Wie würde sich das Ganze auswirken? Die Vögel hatten ja nun schon seit einigen Monaten kein Eifutter mehr bekommen. War es vernünftig, was ich da tat, oder war ich das Opfer einer wohlorganisierten Werbekampagne geworden? Mitte Oktober bekamen die Vögel ihre Nistkästen angeboten, und die ersten Ergebnisse sahen vielversprechend aus. Ziemlich schnell fingen sie an, ein Nest zu bauen. Und nach ungefähr vierzehn Tagen lagen die ersten Eier darin. Aber nun kam das alles Entscheidende: Wurden die Vögel ihre Jungen wohl mit den Pellets füttern? Einen Tag nach dem Schlupf der ersten Jungvögel sah ich nach. Zu meiner großen Erleichterung lebten alle Jungen. Langsam aber sicher gelangte ich zu der Überzeugung, dass die Pellets wirklich eine vollständige Ernährung boten. Es ist sicher nicht die Lösung für alle Brutprobleme, auch wenn manche Werbung diesen Eindruck erweckt. Aber es ist sicher auch keine schlechte Art, die Vögel zu füttern. Und dass selbst Tierärzte Vertrauen in die Pellets haben, sagt schon so einiges...

Zurzeit gebe ich meinen Agaporniden als Grundnahrung immer noch 80 Prozent Pellets und 20 Prozent Samen. Das heißt natürlich nicht, dass ich nicht auch noch etwas Grünfutter, Kolbenhirse und andere „Leckereien" füttere. Eifutter habe ich in den letzten Jahren nur sporadisch (nur als Ausnahme, mit Keimfutter gemischt) gegeben. Das hat keinerlei negativen Einfluss auf die Brutresultate gehabt. Sogar im Gegenteil: Es sterben jetzt weniger Vögel in den ersten Lebensmonaten, und ich habe den Eindruck, dass meine Vögel etwas leichter durch die Mauser kommen.

Während meiner Referate, die ich regelmäßig in Belgien und den Niederlanden über Agaporniden halte, kommt die Ernährung oft zur Sprache. Wenn ich über Pellets rede und die Meinung der Anwesenden dazu einschätze, dann gibt es da eine ganze Reihe negativer Reaktionen und Geschichten. Auf Nachfrage ergibt sich dann, dass nur Einzelne die Pellets wirklich ausprobiert haben. Die meisten Menschen gründen ihre Meinung nur auf Geschichten „vom Hörensagen".

Futtermischung

Jeder Züchter wird sein eigenes Rezept entwickeln, wie er seine Tiere füttert.

Der Großteil der europäischen Liebhaber scheint auf dem Gebiet der Ernährung noch ausgesprochen konservativ zu sein, was man gut verstehen kann. Auch ich hatte anfangs Zweifel über dieses neue Produkt. Aber ich bin mittlerweile durch eigenes Ausprobieren von der Qualität der Pellets überzeugt. Ich kann diese Form der Ernährung jedem Agapornidenzüchter nur empfehlen. Pellets sind zwar teurer in der Anschaffung. Aber da die Vögel viel weniger davon brauchen, beinahe nichts mehr verschleudern und weder Eifutter noch Zusatz-Vitamine nötig haben, kostet es umgerechnet aufs Jahr nicht mehr als die Ernährung früher, als ich noch Körner verfütterte. Und selbst wenn es so wäre, dass ich etwas mehr für die Ernährung ausgebe (was nicht so ist), dann sind mir meine Vögel das sicher wert.

Blick in die Futterküche

Eine zu einseitige Ernährung sollte in jedem Fall vermieden werden.

che Dosis an Eiweißen, Aminosäuren, Vitaminen und Spurenelementen. Wenn Sie dagegen Körnerfutter geben, müssen Sie sicher auf die eine oder andere Art diese Zusätze hinzufügen. Das Füttern von Eifutter während der Zuchtzeit ist eine der klassischen Vorgehensweisen.

Es ist wichtig, alle entsprechenden Daten in einem Notizbuch sorgfältig zu notieren. Am Anfang mögen diese Angaben vielleicht nichtssagend erscheinen. Aber nach einiger Zeit können Sie sich so ein umfassendes Bild machen. Sie werden merken, dass diese Informationen von unschätzbarem Wert sind. So können Sie z.B. auch vergleichen, welche Produkte die besten Resultate ergeben.

Zur eigenen Beurteilung ...

Züchter haben oft die Neigung, ihre Misserfolge oder Erfolge allein der Ernährung der Vögel zuzuschreiben. Es ist tatsächlich wichtig, dass die Ernährung ausgewogen ist, aber Ernährung allein ist kein Allheilmittel. Ich habe Paare, die in zwei Bruten zwölf Junge hatten, und ich habe auch ein Pärchen, das in zwei Bruten nur einen einzigen Jungvogel hatte. Aber liegt die Ursache dafür einzig und allein in der Fütterung? Nein, diese Behauptung ist viel zu vereinfachend. Eine ganze Reihe anderer Faktoren spielen dabei ebenfalls eine Rolle! Ich habe zwar kein wissenschaftliches Studium als Ernährungsfachmann gemacht und behaupte auch nicht, einer zu sein. Ich will einfach nur betonen, dass es nicht allein die Fütterung ist, von der es abhängt, ob viele oder wenige Jungen aufgezogen werden.

Stellen Sie sich einmal vor, Sie würden morgen Ihre Ernährung umstellen. Dann würden Sie vielleicht etwas dicker oder dünner werden. Aber Sie würden niemals ein Athlet werden, nur indem Sie Ihre Ernährung verändern. Vergessen Sie auch nicht, dass die Verkäufer dieser Produkte natürlich alles dafür geben würden, um ihr Produkt als „das ideale“ zu verkaufen. Es gibt nun einmal keine Firma, die umsonst arbeitet und nicht Geld mit dem Verkauf ihrer Produkte verdienen will. Das gilt sowohl für die Lieferanten von Pellets und Körnerfutter wie auch für die von Eifutter, Vitamin-Präparaten usw. Eigentlich gibt es heute keine schlechten Futterangebote mehr auf dem Markt. Die Vögel haben es, was die Ernährung betrifft, bei uns besser als in der Natur, denn da müssen sie sich ihren Lebensunterhalt erst „erarbeiten“.

Wichtig ist, dass Sie sich an die empfohlenen Mengenangaben halten, und dass Sie nicht selbst verschiedene Produkte miteinander vermischen. Heute kann sich keine Firma mehr erlauben, schlechte Produkte auf den Markt zu bringen. Dafür ist die Konkurrenz zu groß. Urteilen Sie selbst und behalten Sie von allem das Beste, ohne sich davon beeinflussen zu lassen, wer Ihnen etwas sagt. Wichtig ist: Wenn alles gut geht, dann bedeutet das, dass nichts verkehrt ist an Ihrer Art zu arbeiten ... Verändern Sie Ihr Fütterungsschema dann nicht. Ich kenne eine ganze Reihe Züchter, die durch ihre Experimente mehr Misserfolge als Erfolge zu verbuchen hatten.

Die Zucht

Menschen, die vielleicht mit dem Gedanken spielen, mit der Zucht von Vögeln etwas dazu zu verdienen, muss ich von vornherein enttäuschen: Gewinne machen ist praktisch unmöglich, geschweige denn, dass man davon reich werden kann.

Vögel zu züchten ist ja ein Hobby, und jeder Zeitvertreib kostet nun einmal Geld. Denken Sie auch daran, dass nicht jedes Paar vorbildliche Eltern abgibt. Nicht jedes Ei entwickelt sich zu einem Jungvogel. Und nicht jeder Jungvogel, der am Leben bleibt, wird auch ein Wettbewerbs-Sieger. Wenn Sie einen Stamm aufbauen wollen, dann dauert das sicherlich Jahre. Denken Sie darum gut über alles nach und besuchen Sie so viele Züchter wie möglich. Machen Sie sich nicht halsüberkopf auf den Weg zum nächsten Zoogeschäft, um dort die erstbesten Vögel zu kaufen. Nein, gehen Sie Schritt für Schritt vor. Ein Anfang mit einer ganz bestimmten Blutlinie ist darum auch das Wichtigste bei der Zucht von Agaporniden.

Bevor Sie mit der Zucht anfangen, müssen Sie sich ausreichend informieren und folgendes überlegen: Sind Sie manchmal mehrere Tage nicht zu Hause? Dann brauchen Sie einen guten Mitbewohner, einen Nachbarn oder Bekannten, der die Versorgung der Vögel übernehmen kann. Haben Sie nicht nur ausreichend Platz für die Altvögel, sondern auch für die zu erwartenden Jungvögel? Welche Agaporniden-Art wollen Sie züchten? Was wollen Sie mit den Jungen machen? Sie sehen: eine ganze Reihe von Fragen, auf die Sie sich selbst eine ehrliche Antwort geben müssen...

Der Kauf von Vögeln für die Zucht

Wenn Sie sich entschieden haben und wissen, welche Art (und Farbschläge) Sie züchten wollen, kommt ein wichtiger Schritt: der Kauf der Zuchtvögel. Machen Sie sich klar, dass diese Vögel die Grundlage Ihres künftigen Stammes bilden und dass sie deshalb so gut wie nur irgend möglich den Musterbeschreibungen entsprechen müssen.

Innenansicht eines Nistkastens für Agaporniden

Der Nistkasten sollte aus zwei Teilen bestehen: Im hinteren Teil wird das Nest gebaut, der vordere Teil kann als Schlafplatz für das Männchen dienen.

Besuchen Sie möglichst viele Liebhaber, und wenn Sie an Ihrem eigenen Wissen zweifeln, nehmen Sie ruhig jemand mit, der schon ein wenig mehr Erfahrung hat. Kaufen Sie am besten Vögel im Alter von neun bis zehn Monaten und sorgen Sie dafür, dass sie nicht miteinander verwandt sind. Sie können Ihre Ausgangsvögel aus verschiedenen Zuchtanlagen holen, so können Sie fast sicher sein, dass die Vögel nicht miteinander verwandt sind. (Es hat sich nämlich gezeigt, dass einige Züchter manchmal recht freizügig mit dem Ausdruck „nicht verwandt“ umgehen!) Wollen Sie trotzdem mehrere Vögel beim selben Züchter erwerben, bitten Sie darum, das Zuchtbuch bzw. Register einsehen zu dürfen. Mit den heutigen Computerprogrammen kann ein Züchter per Knopfdruck einen vollständigen Stammbaum ausdrucken. Das dürfte also kein Problem sein.

Kaufen Sie am Anfang nicht zu viele Vögel gleichzeitig. Drei Paare sind genug, um damit anzufangen. Denken Sie daran: Wenn Sie mit sechs nicht miteinander verwandten Vögeln anfangen, kön-

Junges Rosenköpfchen in Namibia

Der Vogel wurde lediglich zur Aufnahme aus dem Nest genommen und später zurückgesetzt.

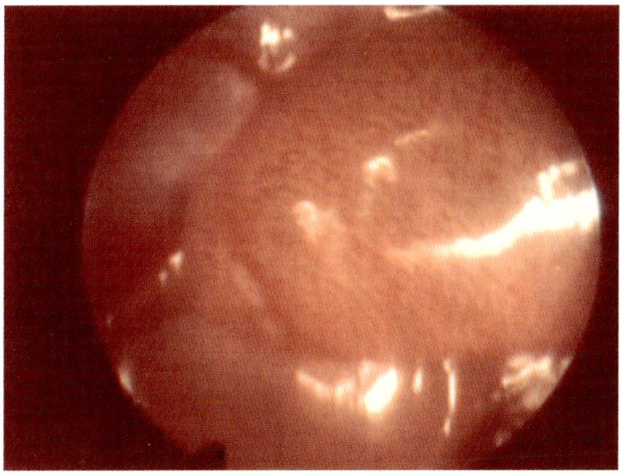

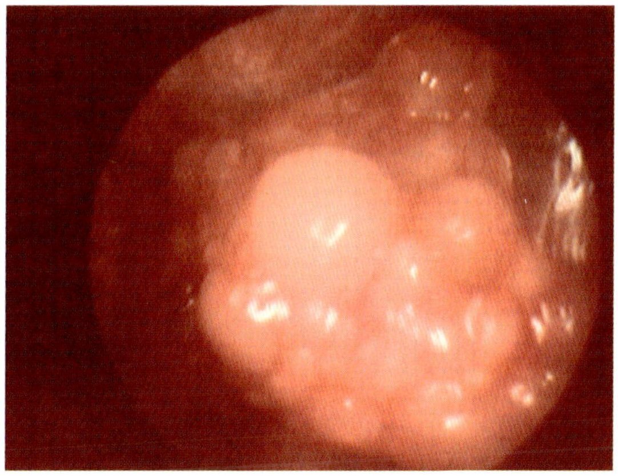

Endoskopische Aufnahme der Geschlechtsorgane

Links: Der Hoden des Männchens ist vollkommen glatt.

Rechts: Die Eierstöcke des Weibchens enthalten „huckelige" Follikel.

nen Sie prinzipiell drei Paare bilden, von denen Sie die Nachkommen problemlos wieder miteinander verpaaren können. Auf diese Weise können Sie Ihre Sammlung immer weiter mit eigenen Nachzucht-Vögeln ausbauen. Geben Sie Qualität immer den Vorzug vor Quantität! Besser ein paar Euros mehr für wirklich gute Vögel bezahlen – und deshalb weniger kaufen –, als zu viele Vögel von schlechter Qualität. Sie dürfen sich nur mit dem Besten zufrieden geben, wenn Sie einen Stamm mit gutem Ruf aufbauen wollen!

Wenn Sie die Vögel einmal gekauft haben, setzen Sie sie in den ersten Tagen noch nicht gleich zusammen. Setzen Sie jeden Vogel in den ersten Wochen einzeln in einen Käfig. Ein Ausstellungskäfig ist dafür sehr gut geeignet. Notieren Sie sich die Ringnummern und schreiben Sie alle Informationen auf, die der Züchter Ihnen gegeben hat. Eine gute Buchführung ist einer der Schlüssel zur erfolgreichen Zucht von Agaporniden!

Geschlechtsbestimmung

Wenn Sie einen Vogel ausschließlich zur eigenen Freude halten, ist es selbstverständlich völlig egal, welches Geschlecht der Vogel hat. Aber wenn Sie mit den Tieren züchten wollen, sind Vögel unterschiedlichen Geschlechts natürlich eine Voraussetzung dafür. Wenn Sie daher Paare zusammenstellen wollen, müssen Sie mehr oder weniger sicher sein, welches Geschlecht der gekaufte Vogel hat.

Bei Agaporniden kann man nur bei *A. pullarius, A. taranta* und *A. canus* an der Gefiederfärbung erkennen, was ein Männchen und was ein Weibchen ist. Bei den übrigen sechs Arten gibt es dagegen keinen äußerlich erkennbaren Geschlechtsunterschied.

Beinahe jeder Züchter hat seine eigene Art, den Unterschied zwischen Männchen und Weibchen zu erkennen. So gibt es manche, die an der Form des Schnabels oder am Bau des Kopfes sehen können, ob es sich um ein Männchen oder ein Weibchen handelt. Es gibt sogar Liebhaber, die über dem Kopf des Vogels „pendeln"... Aber die am meisten gebräuchliche und relativ zuverlässige Methode ist eigentlich der Becken-Test, den sie selbst anwenden können. Bei diesem Test wird das Becken mit dem Zeigefinger abgetastet: Bei ausgewachsenen Vögeln ist das Becken beim Weibchen nämlich durchgängig viel breiter als das Becken des Männchens. Diese Methode ist allerdings nicht zu hundert Prozent zuverlässig. Sie kann aber doch gute Hinweise geben. Voraussetzung ist, dass die Vögel schon zuchtreif sind.

Gelingt die Geschlechtsbestimmung auf diese Weise nicht, können Sie folgenden Trick versuchen: Setzen Sie einige nicht verwandte Vögel zusammen und stellen Sie ihnen ausreichend Nistkästen zur Verfügung. Nach einiger Zeit werden sich die spontan gebildeten Paare nachts in einen Nistkasten zurückziehen, um zu schlafen. Es ist dann ein

Karteikasten mit Informationen zu Zuchtergebnissen

Eine sorgfältige Führung der Aufzeichnungen ist langfristig sehr vorteilhaft.

Leichtes, im Dunkeln die Nistkästen zu verschließen, die Vögel herauszuholen und sie getrennt in Brutkäfigen unterzubringen.

Sie können auch alle Vögel in einen geräumigen Käfig setzen. Wenn ein bestimmtes Paar viel zusammen sitzt und es keine Nistkästen gibt, können Sie das Pärchen mit der Blumenspritze nass spritzen und herausfangen. Schwierig wird es allerdings, wenn Sie eine bestimmte Linien- oder Mutationszucht planen und Sie die Pärchen aufgrund gewisser Kriterien zusammenstellen wollen. Dann ist es letztendlich doch der Züchter, der die Vögel auswählt und zusammensetzt.

Die zuverlässigste Art, das Geschlecht von Agaporniden zu bestimmen, ist natürlich die per Endoskopie oder DNA-Untersuchung. Bei der Endoskopie narkotisiert der Tierarzt den Vogel und kann durch einen kleinen Schnitt in der Bauchwand ein Endoskop (ein Röhrchen mit vergrößernden Linsen) in einen der Luftsäcke einführen. So können die Geschlechtsorgane beobachtet werden: Die Eierstöcke des Weibchens sind gefüllt mit „huckeligen“ Follikeln, die Hoden des Männchens dagegen glatt.

Bei der DNA-Untersuchung reicht es aus, einzelne Federn des betreffenden Vogels an ein Speziallabor zu schicken. Anhand der DNA kann bestimmt werden, ob es sich um ein Männchen oder ein Weibchen handelt. Diese Methode erscheint mir besser als die Endoskopie: Denn es gibt weniger Risiken, und der Vogel selbst wird nicht in Mitleidenschaft gezogen. Auch der Preis ist günstiger.

Wenn Sie keinen Gebrauch von Endoskopie oder DNA-Untersuchung machen, erhalten Sie erst dann letztendliche Sicherheit, wenn das Paar befruchtete Eier legt. Jeder Züchter irrt sich schon einmal bei der Bestimmung des Geschlechts, und das wird wohl immer wieder passieren. (Wer das Gegenteil behauptet, lügt!) Manchmal zeigt sich eben, dass das „sichere“ Rosenköpfchen-Männchen ein Weibchen ist und umgekehrt.

Zusammenstellung der Zuchtpaare

Wenn die Vögel ungefähr neun Monate alt sind, können Sie die Zuchtpaare zusammenstellen. Es ist wichtig, dass die jungen Tiere, die Sie zusammenstellen, nicht miteinander verwandt sind. Die künftigen Eltern müssen von sehr guter Qualität sein. Achten Sie daher auf ihre körperliche Konstitution, aber auch auf ihr Verhalten. Es ist eher unwahrscheinlich, dass Junge, die von schlecht brütenden Eltern abstammen, sich in diesem Bereich besonders positiv entwickeln. Denn auch diese Eigenschaften werden an die Jungen weitergegeben. Und falls es eine Eigenschaft gibt, die der eine Vogel etwas weniger hat, dann muss der Partner sie umso mehr besitzen. Brutpaare müssen daraufhin streng selektiert werden. Nur Vögel, die den Musterbeschreibungen am ehesten entsprechen, sollten zur Zucht eingesetzt werden.

Es ist nicht selten, dass von einem Nest nur ein oder vielleicht gar kein Jungvogel übrigbleibt, mit dem Sie weiter züchten können. Selbst wenn die

Eltern hervorragende Tiere sind, kommt es (in seltenen Fällen) vor, dass die Kombination nicht so gelungen ist und die Jungen nicht so werden, wie es der Züchter erwartet hatte. Meistens ist das der Fall, wenn Sie „Zufallstreffer" zusammensetzen. Darum ist es wichtig, dass Sie auch den Hintergrund der künftigen Zuchttiere kennen. Wenn sich zeigt, dass sie aus einem Nest mit mehreren „guten" Vögeln stammen und schon seit mehreren Generationen solche guten Nachkommen nachgewiesen werden konnten, dann ist die Chance groß, dass künftige Nachkommen ebenfalls diese guten Qualitäten besitzen. Kommt der Vogel dagegen aus einer Brutlinie, in der nur hin und wieder ein gutes Exemplar dabei war, dann ist natürlich auch die Chance wesentlich kleiner, dass seine Nachkommen sehr gute Eigenschaften besitzen. Darum ist es immer riskant, bei einer Show den Sieger zu kaufen, ohne die Eltern und den Rest des Stammes zu kennen. Wenn dieser Vogel ein Zufallstreffer war, laufen Sie Gefahr, selbst in Kombination mit guten Zuchtvögeln aus Ihrer eigenen Brutlinie, Junge von schlechter Qualität zu züchten und eigentlich einen Schritt rückwärts zu gehen.

Der Hintergrund der Vögel und die Zuchtergebnisse müssen sorgfältig aufgezeichnet werden, und wenn sich erweist, dass ein bestimmtes Zuchtpaar nicht ausreichend „gute" Jungvögel hervorbringt, dürfen Sie nicht zögern, das Paar zu trennen und jeweils mit einem anderen Partner neu zu verpaaren. Auch wenn man Agaporniden nachsagt, dass sie ihrem Partner lebenslang treu bleiben, hat das bei den meisten Vögeln noch zu keinerlei Problemen geführt. Meistens akzeptieren sie einen neuen Partner problemlos. Sie müssen diese Vögel dann allerdings in einem neuen Käfig unterbringen. Weibchen haben manchmal nämlich die Neigung, „ihren" Nistkasten zu verteidigen. Aber wenn es für beide Vögel eine neue Umgebung ist, bringt das Wiederverpaaren keinerlei Probleme mit sich. Sorgen Sie jedoch dafür, dass die neuen Partner alt genug sind. Es hat keinen Sinn, ein zu junges Männchen zu einem brutwilligen älteren Weibchen zu setzen oder ein zuchtreifes Männchen mit einem zu jungen Weibchen. Probleme sind hier vorprogrammiert.

Grauköpfchen-Pärchen

Nur kräftige Vögel mit guter Qualität sollten zur Zucht angesetzt werden.

Wenn Sie keinen geeigneten Partner für den Vogel finden, warten Sie, bis Sie einen Vogel von guter Qualität kaufen können. Gehen Sie nicht gedankenlos auf die Suche nach einem Partner. Besser einige Monate lang warten mit einem guten Ergebnis als halsüberkopf einen Vogel von schlechter Qualität kaufen. Sie können auch nie vorab planen, wie viele Vögel Sie für die weitere Zucht einsetzen. Man darf sich da selbst nichts vormachen. Selektieren Sie darum streng und beachten Sie all diese Tipps. Nur so kommen Sie zu einem guten Zuchtstamm. Sie sind in jedem Fall besser dran, wenn Sie nur ein wirklich gutes Paar haben, als wenn Sie mehrere Paare von geringer bis schlechter Qualität haben.

Sobald die Paare aufgrund ihrer Qualitäten zusammengestellt sind, werden die Tiere in einem Zuchtkäfig untergebracht. Dort können sie sich ungefähr drei Monate aneinander gewöhnen. So können Sie außerdem die Ernährung langsam an die Zuchtperiode (siehe Kapitel Ernährung) anpas-

Zuchtzeit

Orangeköpfchen-Pärchen

Wichtig für das Gelingen der Zucht ist eine zeitlich zusammenfallende Bereitschaft bei Männchen und Weibchen.

sen. Sollte sich erweisen, dass Sie aus Versehen zwei Weibchen oder zwei Männchen zusammengesetzt haben, werden Sie das schnell merken, wenn Sie die Tiere eine Zeit lang beobachten. Gehen Sie in den ersten Tagen, nachdem die Vögel zusammen in einen Käfig gesetzt wurden, regelmäßig in den Zuchtraum, um zu prüfen, ob alles in Ordnung ist. Es wäre nicht das erste Mal, dass Vögel miteinander „im Clinch" liegen. Darum ist es besser, die Vögel zusammenzusetzen, wenn Sie einige Tage zu Hause sind, z.B. am Wochenende.

Aber gehen wir einmal davon aus, dass Sie ein wirkliches Paar haben und das Zusammensetzen der Vögel nicht zu Problemen geführt hat. Nach drei Monaten erhalten die Vögel einen Nistkasten, wenn sie mindestens ein Jahr alt sind. Früher einen Nistkasten anzubieten, führt nur zu Enttäuschungen. Zusammen mit dem Nistkasten bekommen sie auch das nötige Nistmaterial angeboten. Bei uns besteht das Nistmaterial meistens aus Weidenzweigen. Wichtig ist, dass die Zweige frisch und nicht zu trocken sind. Das ist der Grund, warum Weidenzweige den Vorzug haben. Die Zweige werden einfach vom Baum geschnitten und mit Blättern und allem Drumherum auf den Boden des Käfigs gelegt. Zweige, die nicht sofort verwendet werden, stellen Sie sofort nach dem Abschneiden in einen Eimer Wasser. So bleiben sie tagelang frisch, und Sie können jeden Tag frische Zweige reichen. Aber ganz gleich, ob es nun in der Voliere oder im Zuchtkäfig ist, denken Sie daran: nicht zu viele Zweige auf einmal! Denn wenn die Zweige zu trocken werden, beachten die Vögel sie nicht mehr. Zweige, die schon ein oder zwei Tage alt sind, entfernen Sie am besten aus dem Käfig.

Manche Züchter benutzen auch mit Erfolg Birkenholzspäne (die eigentlich als Bodenbedeckung gedacht sind) als Nistmaterial. Eine Handvoll wird dann einfach auf den Boden des Nistkastens gestreut. – Das funktioniert auch, trotzdem ist es vorteilhafter, den Vögeln richtige Zweige zu geben. Denn je mehr die Weibchen an den Zweigen nagen können, umso schneller bauen sie ein Nest und gehen zur Paarung über.

Die beste Zeit für die Zucht

Vielfach ist die Zuchtsaison auf die Ausstellungssaison abgestimmt. Die meisten Organisationen (zumindest in Belgien und in den Niederlanden) liefern die ersten Ringe an ihre Mitglieder schon im Monat Oktober. Viele Züchter versuchen dann bereits, ihre Vögel zum Züchten zu bewegen, sodass sie mehr Zeit haben, ihre Jungvögel durch die Mauser zu bringen und sie ausreichend für die Ausstellungssaison des folgenden Jahres heranwachsen zu lassen. Die Ausstellungssaison fängt in Deutschland am letzten Wochenende im August mit dem AZ *Agapornis/Forpus*-Europachampionat in Karlsruhe an. Für die Agapornidenzüchter in ganz Europa ist das zweite Wochenende im September sehr wichtig. Denn dann findet in Belgien traditionell die große BVA-Schau statt: Lovebird International, European Championship.

Trotzdem ist es nicht ganz selbstverständlich, die Vögel zur Brut zu bewegen. Selbst wenn diese ein Jahr alt sind, können Sie kaum von ihnen verlangen, dass sie nach dem Aufhängen der Nistkästen sofort beginnen, Eier zu legen. Nein, dafür müssen die Vögel erst in Brutkondition kommen. Diese hängt von verschiedenen Faktoren ab und verlangt eine ganze Menge an Vorbereitung.

Welche Faktoren sorgen nun eigentlich dafür, dass Ihre Vögel in Brutstimmung kommen? Um das am besten zu illustrieren, ist es vielleicht gut, das Verhalten der Vögel in der Natur zu betrachten. Im Winter, wenn die Tage kürzer sind und es weniger Tageslicht gibt, hat das zur Folge, dass weniger Insekten und andere Nahrung zu finden sind. Es gibt auch keine Blätter an den Bäumen, wodurch die Chance auf gut geschützte Nistplätze praktisch gleich Null ist. In dieser Zeit wird nicht ein einziger Spatz daran denken, sich zu paaren oder zu brüten. Aber in dem Maß, wie die Tage länger werden und es wieder mehr Licht gibt, nimmt auch die Nahrung zu und die Tiere kommen in Brutstimmung. Dann dauert es nicht mehr lange, und die Männchen fangen an zu balzen. Neben den Voraussetzungen, die Jungen auch aufziehen zu können (mehr Nahrung, Nistmaterial durch das Blühen der Blumen, gut geschützte Nistplätze etc.) hat das Faktum, länger dem Licht ausgesetzt zu sein, auch Einfluss auf den Geschlechtstrieb. An der Unterseite des Gehirns befindet sich eine kleine Drüse, die Hypophyse, die anfängt ihre Hormone zu produzieren, wenn die Vögel mehr als 12 Stunden dem Tageslicht ausgesetzt sind. Diese Hormone sorgen dafür, dass die Geschlechtsorgane stimuliert werden und männliche Geschlechtshormone produzieren. Auch bei den Weibchen stimuliert es den Geschlechtstrieb (wenn auch in etwas geringerem Ausmaß), außerdem auch den Trieb, ein Nest zu bauen. Die Männchen beginnen zu balzen, und das führt bei den Weibchen dazu, dass sie ebenfalls in Brutstimmung kommen. So kommt es rasch zum Bau eines Nestes und zur Paarung.

In unseren Volieren und Brutkäfigen existiert bereits eine ganze Reihe von Faktoren, um die Vögel in Brutstimmung zu versetzen: Nistgelegenheiten, Nistmaterial, ausreichend Nahrung und Schutz. Einzig und allein die nötigen Stunden Licht fehlen,

Gerade geschlüpftes Erdbeerköpfchen

Die ersten Tage nach dem Schlupf sind vielfach die wichtigsten für das Gelingen der Zucht.

wenn man im Winter züchten will. Aber auch dieses Problem lässt sich lösen. Für ein paar Hundert Euro (das erscheint teuer, aber die Investition lohnt sich) gibt es im Handel elektrische Zeitschaltuhren mit Dimmer zu kaufen. Für „Winterzüchter" und für Halter, die mit ihren Vögeln in einem Innenraum züchten wollen, ist das unbedingt notwendig. Sie können natürlich versuchen, selbst das Licht zu bestimmten Zeiten anzustellen, aber in der Praxis ist das nicht durchzuhalten. Es ist wichtig, dass die künstliche Beleuchtung sehr regelmäßig ist. Es ist sinnlos, heute das Licht um fünf Uhr anzustellen und morgen erst eine Stunde später. Die Vögel werden dann lediglich anfangen zu mausern. Darum ist es sehr wichtig, dass alles gleichmäßig per Zeitschaltuhr geregelt wird.

Wenn Sie Ihre Vögel im Winter brüten lassen wollen, dann müssen Sie den Frühling imitieren und das Tageslicht künstlich verlängern. Das ist mit einer Zeitschaltuhr möglich, die das Licht zu vorprogrammierten Zeiten ein- und ausschaltet. Ziel ist, dass Sie dabei systematisch vorgehen und dass es wie in der Natur jeden Tag ein paar Minuten länger hell bleibt. Meistens kann man etwa

Beleuchtung

Junge Schwarzköpfchen

In der Regel werden auch Junge unterschiedlicher Größe gut gefüttert.

Mitte September die Beleuchtung einstellen. Die Vögel sind dann aus der Voliere nach innen verbracht, um mit der Zucht zu beginnen. Zu diesem Zeitpunkt ist es draußen noch ungefähr 9 bis 10 Stunden hell. Die Beleuchtung wird drinnen genauso lange angeschaltet, wie es draußen hell ist. Wenn es tagsüber z.B. von 7.45 Uhr bis 19.15 Uhr hell ist, dann schalten Sie die Beleuchtung auch von 7.45 Uhr bis 19.15 Uhr an. Werden die Tage kürzer, behalten Sie drinnen auf diese Weise die gleiche Beleuchtungsdauer. Danach verlängern Sie langsam die Beleuchtungsstunden, ungefähr 15 Minuten in 5 Tagen (also 3 Minuten pro Tag zusätzlich – wenn möglich), bis Sie einige Wochen später die richtige „Tageslänge" erreicht haben.

Bei den meisten Züchtern ist in den Zuchträumen von 6.30 Uhr bis 21.00 Uhr Licht. Dadurch hat man 13,5 Stunden Beleuchtung, und es bleibt ausreichend Zeit für eine gesunde Nachtruhe. (Übertreiben Sie nicht, mehr als 14 Stunden Beleuchtung sorgt nur für Stress – mit allen dazugehörigen Folgen!) Meistens können Sie dann Mitte Oktober die Nistkästen einhängen und haben mit ein bisschen Glück Anfang Dezember die ersten Jungen im Nest. Die zweite Brut beginnt dann etwa Ende Februar. Und nach zwei Bruten ist die Zuchtsaison für die Vögel beendet.

Es gibt eine Reihe praktischer Dinge, die Sie beachten müssen. So ist es sehr wichtig, dass die Lampen nicht nur abends langsam ausgehen, sondern auch, dass sie morgens langsam wieder angehen. Denn dann haben Ihre Vögel morgens ausreichend Zeit, sich wieder an das Licht zu gewöhnen. Wenn das Licht abends langsam weniger wird, können sie sich – genau wie in der Natur – bei Sonnenuntergang in aller Ruhe in ihre Nester zurückziehen, um dort die Nacht zu verbringen. Gleichzeitig muss aber auch die Möglichkeit bestehen, für den Notfall die Beleuchtung sofort mit voller Kraft brennen zu lassen – und sie danach langsam wieder zu dimmen. Wenn es im Raum überhaupt kein Licht von außen gibt, ist es vielleicht nötig, nachts eine Sparlampe brennen zu lassen. Aber wenn Sie Fenster im Zuchtbereich haben, ist das nicht nötig. Und falls Ihre Vögel nur im Sommer züchten, wenn es ausreichend natürlichen Lichteinfall im Vogelraum gibt oder wenn Sie nur im Sommer in der Voliere züchten, entfallen alle diese Maßnahmen. Übrigens: Lassen Sie die Zeitschaltuhr bei der Umstellung von der Winter- auf die Sommerzeit unverändert. Vögel können keine Uhr lesen und folgen ihrem unveränderten natürlichen Biorhythmus.

Wenn Sie im Winter den Raum heizen, darf die Temperaturen nicht zu stark schwanken. Auch das kann Mauserprobleme verursachen. Ideal ist eine Temperatur von ungefähr 15 °C.

Welche Lampen sind geeignet?

Sie können zur Beleuchtung gewöhnliche Glühlampen verwenden. Die haben den Nachteil, dass man sie meistens an mehreren Stellen anbringen muss. Vermeiden Sie zu viele Schattenpunkte im Zuchtraum, denn das wirkt sich nachteilig aus. Sie können sich auch für eine Kombination von Glühbirne und Neonlicht entscheiden. Morgens geht die Glühbirne durch den automatischen Dimmer langsam an, und wenn sie in voller Stärke brennt, geht zusätzlich das Neonlicht an. Um 21.00 Uhr lassen Sie die Glühbirne angehen, und fünf Minuten später erlischt das Neonlicht automatisch und es brennt nur noch eine Glühbirne (von 60 Watt). Lassen Sie diese dann nach einigen Minuten auch automatisch dimmen. Der ganze Prozess sollte ungefähr eine halbe Stunde dauern, genauso wie ein natürlicher Sonnenauf- oder -untergang.

Es gibt heute Neonröhren zu kaufen, die das Tageslicht perfekt imitieren. Diese Lampen sind wesentlich besser geeignet als normale Neonröhren. Der Grund dafür ist, dass die Vögel mit diesen Lampen auch in der Lage sind, Vitamin D zu produzieren – ein Vorgang, der normalerweise nur unter Einfluss von Sonnenlicht stattfindet.

Gelege eines Rußköpfchens

In der Regel wird jeden zweiten Tag ein Ei gelegt.

Nistkasten und Nestbau

Agaporniden brüten in Nistkästen. Diese gibt es im Handel in allerlei Maßen und Gewichten zu kaufen. Wenn Sie geschickt sind, können Sie sie auch selbst leicht bauen. Der ideale Nistkasten ist ungefähr 25 Zentimeter lang, 15 Zentimeter hoch

Eigene Erfahrungen

Früher habe ich versucht, meine Vögel im Winter brüten zu lassen. Ab Mitte September wurden die Paare in Zuchtkäfige gesetzt. Ein automatischer Dimmer sorgte dafür, dass die Lichtstunden langsam verlängert wurden, um schließlich von 6.30 Uhr bis 21.00 Uhr Licht im Raum zu haben. Ende Oktober konnte ich dann die ersten Jungvögel erwarten. Nach der zweiten Runde wurden die Nistkästen geschlossen und die Vögel, junge wie alte, zogen in die Außenvoliere um. Dort konnten sie dann den ganzen Sommer „auf Urlaub sein“. Damals waren meine Vögel in einem hölzernen Gebäude untergebracht, das in den Wintermonaten keinerlei Probleme verursachte. Holz hat ja die Eigenschaft, die Feuchtigkeit und Temperatur seiner Umgebung positiv zu beeinflussen. Deshalb ist es in der Winterzeit ideal, aber im Sommer kann es für eine zu trockene Umgebung verantwortlich sein.

Als die Vögel bei mir zu Hause nach einem Umbau in einem Steingebäude untergebracht wurden, fingen die Probleme mit dem Schlupf der Jungen an. Es wurde ein ständiger Kampf mit der Regelung von Heizung und Feuchtigkeit. Wenn die Luftfeuchtigkeit zu hoch war und die Temperatur zu niedrig, schlüpften die Jungen nicht, sondern starben im Ei ab. Wenn die Heizung dagegen angestellt wurde und die Luftfeuchtigkeit dadurch sank, erhielt ich eine zu trockene Umgebung – mit den entsprechenden Folgen. Ich habe damals eine radikale Veränderung in meinem Zuchtprogramm gemacht. Jetzt gehen die Vögel von Anfang März an in die Zucht und die Brutzeit endet im August. Anfang August kommen sie nach draußen in die Voliere und dort bleiben sie bis Mitte Oktober. Im Herbst werden die Vögel nach drinnen umgesetzt und bekommen gerade solange Licht, wie es zu dem jeweiligen Zeitpunkt draußen ist. Diese Anzahl von Lichtstunden wird bis Anfang Januar so beibehalten. Danach wird die Zahl der Lichtstunden langsam erhöht. Die Vögel können dann im Winter mausern und lassen sich im Jahr darauf während der Ausstellungen oder als Zuchtvogel einsetzen. Falls im Winter noch einige Probepaarungen stattfinden müssen, kommen die Vögel in das hölzerne Gartenhaus. Da ist die Umgebung zu dem Zeitpunkt besser geeignet. Bei den meisten Vögeln lasse ich der Natur ihren Lauf und setze sie im Frühling zur Zucht an. Die Probleme aus den Vorjahren sind dadurch ausgeräumt.

Junge Pfirsichköpfchen im Alter von wenigen Tagen

Das Nest dieser Art ist vergleichsweise schlicht. Gut zu sehen sind die zernagten Blätter, die als Nistmaterial dienen.

und 15 Zentimeter breit. An der Vorderseite ist ein Einflugloch von 5 cm Durchmesser. Vor dem Einflugloch können Sie einen Sitzstock anbringen. Mit einem kleinen Brett von ungefähr sechs Zentimetern Höhe können Sie den Nistkasten eventuell in zwei Teile unterteilen. So schaffen Sie ein „Brutabteil" – und das andere Abteil wird vom Männchen oft als Schlafplatz verwendet. Im Brutabteil wird vom Weibchen in wenigen Tagen ein kugelförmiges Nest gebaut.

Streuen Sie regelmäßig ein paar getrocknete Kamillenblüten in den Nistkasten. Das scheint gegen Vogelmilben zu helfen. Um diese zu bekämpfen, können Sie auch chemische Produkte verwenden. Aber die sind immer giftig und möglicherweise schädlich für die Vögel. Eine andere Alternative sind Tabakreste, die in den Nistkasten gestreut werden. Sie scheinen genauso hilfreich und unschädlich für die Vögel und den Züchter zu sein. Nach der Aufzucht der ersten Brut brauchen Sie nicht das gesamte Nistmaterial aus dem Kasten zu entfernen. Meistens „reparieren" die Vögel das Nest mit den neu angebotenen Zweigen und ziehen darin problemlos ihre zweite Brut auf.

Erste Eier und Jungvögel

Wenn alles gutgeht, haben Sie zehn Tage nach der Paarung das erste Ei im Nest. Danach wird jeden zweiten Tag ein Ei gelegt. Diese sind bei allen Agaporniden-Arten von weißer Farbe. In der Literatur findet man für die Brutdauer Angaben von 21 Tagen (für das Grauköpfchen nur 19 Tage), und die Brut soll mit dem zweiten Ei beginnen. Die Erfahrung lehrt allerdings, dass nicht jedes Weibchen nach dem zweiten Ei mit dem Brüten beginnt. Es gibt welche, die erst nach dem dritten Ei, ja sogar nach dem vierten Ei anfangen. Wenn Sie dann 21 Tage Brutdauer hinzuzählen, kommen Sie im Durchschnitt schnell auf ungefähr 26 Tage. Nicht selten werden die ersten Jungen erst nach 27 oder 28 Tagen geboren.

Nach zehn Tagen können Sie schon kontrollieren, ob sie befruchtet sind. Dazu halten Sie die Eier einfach vor eine Lampe. Wenn Sie im Ei Adern entdecken, ist es befruchtet. Die Jungen schlüpfen meistens in einem Abstand von jeweils ein paar Tagen. Das bedeutet, dass die ersten beiden Jungen meist gleichzeitig schlüpfen, da das Weibchen beim zweiten Ei mit der Brut begonnen hat. Danach wird jeden zweiten Tag ein weiteres Junges geboren.

Bei Kanarienvögeln und Exoten nimmt man meist die ersten Eier aus dem Nest, sammelt sie und ersetzt sie durch Kunsteier. Die Eier werden in einer Schachtel aufbewahrt und nummeriert, damit man weiß, aus welchem Nest sie stammen. Diese Eier müssen täglich gedreht werden. Wenn das vierte oder fünfte Ei gelegt wird und das Weibchen fest brütet, tauscht man die Plastikeier wieder gegen die echten aus. So schlüpfen die Jungen alle zur gleichen Zeit und man läuft nicht Gefahr, dass die kleineren Jungen zertreten oder nicht gefüttertwerden. – Bei Agaporniden wird das allerdings selten getan, weil es nicht nötig ist. Die kleinsten Jungen werden meist als erste gefüttert. Natürlich läuft man immer Gefahr, wenn viele Junge im Nest sitzen, dass die älteren und größeren Jungvögel die kleinsten zertreten und dass es den Elternvögeln unmöglich ist, alle Jungen gut füttern zu können.

Meistens hat man mit Nestern von fünf oder sechs Jungen wenige Probleme. Wenn es mehr sind, können Sie die überzähligen eventuell in ein anderes Nest mit weniger Jungen legen. Das Austauschen gibt meistens wenig oder gar keine Probleme. Denken Sie allerdings daran, dass die Jungen im gleichen Alter sein müssen. Versuchen Sie, die umgelegten Jungen deutlich erkennbar zu halten, damit Sie Ihre Zuchtverwaltung in Ordnung halten können. So wissen Sie immer, wer die wahren Eltern sind. Tauschen Sie die Jungen darum erst aus, wenn sie beringt sind, dann gibt es keine Unklarheiten. Leider ist das nicht immer möglich. Eine Lösung des Problems kann dann darin bestehen, mit einem wasserfesten Stift die Zehen des ausgetauschten Jungvogels zu färben. Das bleibt für einige Wochen sichtbar und ist unschädlich.

Natürlich kommen nicht immer alle Eier zum Schlupf. Das Gelege kann unbefruchtete oder abgestorbene Eier enthalten. Die Eier, in denen das Junge abgestorben ist, können Sie an der grauen Farbe erkennen. Unbefruchtete Eier sind gelblich gefärbt, und Eier, in denen sich das Junge normal entwickelt, haben eine schöne, weiß glänzende Farbe. Lassen Sie die Eier, die nicht zum Schlupf kommen, ruhig im Nest liegen. Holen Sie sie erst nach dem Ausfliegen der Jungen heraus. In der Zwischenzeit können sie den Jungen als Stütze dienen.

Etwa zehn Tage nach dem Schlupf fangen die Jungen an, ihr Federkleid zu entwickeln. Meist kann man an der Farbe der Nestdunen und der Augen schon erkennen, mit welcher Farbe man es zu tun hat. Zeichnen Sie all diese Dinge sorgfältig auf. Manchmal erscheinen einige Details zu unbedeutend, um sie aufzuschreiben, aber später kann sich erweisen, wie interessant diese Aufzeichnungen sein können. Während der ersten Wochen bleibt das Weibchen meistens im Nest, und beide Eltern füttern die Jungen. Ob die Jungen gut gefüttert wurden, erkennen Sie an der Größe des Kropfes (der befindet sich direkt unter der Kehle).

Sehr selten sind die Elterntiere nicht in der Lage, ihre Jungen ausreichend zu füttern. Dann müssen Sie sofort eingreifen und zur Handaufzucht oder zum Austausch der Jungen in ein anderes Nest übergehen. Glücklicherweise geschieht das selten, und die meisten Agaporniden sind gute Eltern.

Wenn die Jungen nach ungefähr vierzig Tagen ausreichend entwickelt sind, um das Nest zu verlassen, bleiben sie noch zehn Tage bei den Eltern und werden dann von ihnen getrennt. Meistens ist das Weibchen jetzt schon mit einer zweiten Brut beschäftigt. Wenn es bereits legt, während die Jungen noch im Nest sitzen, tauschen Sie die Eier sofort gegen Plastikeier aus. Erst wenn das Weibchen ab dem vierten Ei fest brütet, legen Sie die echten Eier wieder zurück. Das Weibchen schützt die Eier dann ausreichend, und die noch vorhandenen Jungen verschmutzen die Eier nicht mit ihrem Kot. Wenn die Eier erst einmal beschmutzt sind, besteht das Risiko, dass die Poren verstopft werden und das Junge dadurch im Ei abstirbt.

Junge Schwarzköpfchen ...

in unterschiedlichen Entwicklungsstadien; unbefruchtete oder abgestorbene Eier sollte man im Nest belassen, da sie insbesondere für die kleineren Küken eine Stütze sind

Temperatur und Luftfeuchte

Temperatur und Luftfeuchte

sollten im Brutraum so konstant wie möglich gehalten werden.

Man kann versuchen, verschmutzte Eier mit warmem Wasser und einem weichen Tuch zu säubern, aber das ist eine heikle Angelegenheit. Die Eierschale ist sehr dünn, und nicht selten zerbricht das Ei. Vorbeugen ist deshalb besser als Heilen.

Führen Sie für die Dauer der Brut jeden Tag mindestens zweimal eine Nestkontrolle durch. Wenn die Tiere das gewöhnt sind, stört es sie nicht mehr und stellt auch keine Gefahr mehr dar. Durch diese Nestkontrollen können Sie bei Legenot oder anderen Problemen rechtzeitig eingreifen. Gewöhnen Sie sich auch an, die Jungen täglich in die Hand zu nehmen. So sind sie später viel ruhiger und gewöhnen sich gut an Menschen.

Sorgen Sie für eine möglichst gleichbleibende Umgebung. Es darf keine allzu großen Temperaturschwankungen geben, und vor allem muss die Luftfeuchtigkeit mehr oder weniger konstant bleiben. Das können Sie nur bewerkstelligen, wenn die Vögel im Haus brüten. Wenn sie in einer Voliere brüten, ist es nicht möglich. Sie müssen vermeiden, dass es an einem Tag bei ausgesprochen trockenem Klima im Zuchtraum sehr heiß oder an einem Tag mit schlechtem Wetter kalt und feucht wird. Versuchen Sie, eine stabile Luftfeuchtigkeit um 65% zu erreichen. Es ist übrigens ein Märchen, dass die Nester „feucht" sein müssten. Eine gute Balance ist wichtig: Zu trocken ist niemals gut, aber zu nass und zu kalt ist sicher auch nicht zu empfehlen. Bei zu hoher Luftfeuchtigkeit entwickelt sich Schimmel, und es ergeben sich mit Sicherheit Probleme beim Schlupf. Achten Sie deshalb auf ein Umfeld, das für Mensch und Tier gleichermaßen gesund ist. Sorgen Sie stets dafür, dass im Raum ein Hygrometer und ein Thermometer vorhanden sind. Wenn Sie glauben, dass die Luftfeuchtigkeit zu hoch ist, können Sie das ändern, indem Sie Luftentfeuchter aufstellen. Diese werden meistens im Haus in zu feuchten Räumen oder Schränken verwendet und arbeiten mit gekörntem Kalziumchlorid-Salz, das den Überschuss an Feuchtigkeit in der Umgebung absorbiert. Luftentfeuchter sind in jedem Baumarkt zu bekommen und sorgen für ein gleichmäßiges Umfeld. Ansonsten können Sie auch durch die Erhöhung der Innentemperatur oder das zeitweise Öffnen eines Fensters schon viel ausgleichen.

Um zu verhindern, dass das Männchen aus Langeweile anfängt, das Weibchen oder die Jungen zu rupfen, bekommt es täglich einen Weidenzweig angeboten. Aber Achtung: Das ist kein Allheilmittel gegen Rupfen; es kann allerdings helfen. Sie müssen jedoch darauf achten, dass die Vögel damit kein Nest über dem bereits vorhandenen Gelege bauen. Holen Sie die zerbissenen Reste darum jedesmal aus dem Käfig.

Wenn Sie gute Vögel züchten wollen, müssen Sie dafür sorgen, dass die Elternvögeln qualitativ gut und in ausgezeichneter Kondition sind. Das ist nur möglich, wenn Ihre Vögel neben einer hervorragenden Ernährung auch ausreichend Licht (mindestens 13 Stunden am Tag, evtl. unter Verwendung einer Zeitschaltuhr), frische Luft und Bewegungsfreiheit haben. Hygiene ist ausgesprochen wichtig. Man kann nicht genug betonen, dass in

„Schweineställen“ keine Spitzenvögel gezüchtet werden können. Sorgen Sie darum immer dafür, dass Futter- und Wassergefäße sauber sind. Die Käfige können, wenn sie nicht regelmäßig gereinigt werden, ein Brutplatz für Bakterien und Milben sein. Das heißt, dass Sie mindestens einmal pro Woche die Käfige reinigen müssen.

Es ist übrigens eine Utopie, zu erwarten, dass jedes Ei einen gesunden Jungvogel hervorbringt. Meist läuft nicht alles wie am Schnürchen, und jeder hat hin und wieder mit Misserfolgen zu kämpfen. Wichtig ist, dass Sie nicht zu schnell den Mut verlieren. Ich habe einmal ein schönes Pfirsichköpfchen-Weibchen gekauft. Im ersten Jahr machte das Tier zwar ein wunderschönes Nest, aber es legte keine Eier. Im zweiten Jahr kamen zwar Eier, aber keine Jungen. Im dritten Jahr kamen in der ersten Brut Junge, die aber am ersten Tag starben. Und eine zweite Brut gab es nicht. Nach vier Jahren hatte ich schließlich zwei Bruten mit zwölf prächtigen Jungvögeln. Daran sieht man: Beharrlichkeit führt zum Ziel.

Das Beringen der Jungvögel

Jeder Züchter, der sich selbst und sein Hobby ernst nimmt, sorgt dafür, dass seine Jungvögel korrekt beringt werden. Die Ringe können über den Verein gekauft werden, dessen Mitglied Sie sind, oder bei einer Vogelvereinigung, der Sie angehören. Auf ihnen sind folgende Daten vermerkt: die Züchternummer des Liebhabers und der Name der Vereinigung, der er zugehört, das Ausgabejahr, die laufende Nummer und das Ringmaß. Für jede Art gibt es ein bestimmtes Ringmaß. Der Ring kann nur bei sehr jungen Vögeln angelegt werden. Dies geschieht bei Agaporniden im Alter von neun bis zehn Tagen. Über die Ringnummer kann man später feststellen, wer der Züchter eines bestimmten Vogels ist und in welchem Jahr das Tier geboren ist.

Das Beringen ist an sich nicht schwierig. Der Trick besteht darin, die drei längsten Zehen zunächst durch den Ring zu ziehen, dann den Ring über das Gelenk zu schieben, um schließlich den Ring weiter über die (kleinste) hintere Zehe am Lauf entlang zu schieben. Die hintere Zehe wird dann eventuell mit einem Streichholz durch den Ring geholt. Wenn Sie keine Erfahrung damit haben, dann lassen Sie sich bei den ersten Malen durch einen erfahrenen Züchter helfen. Wenn Sie diese Handlungen beherrschen, werden Sie keine Probleme mehr damit haben. Achten Sie aber darauf, dass Sie den Ring nicht zu früh über den Fuß schieben: Es hat keinen Zweck, den Vogel zu beringen, wenn der Ring problemlos wieder herunterrutschen kann. Der Ring geht dann garantiert im Nestmaterial verloren. Wenn Sie zu früh beringen, laufen Sie zudem Gefahr, dass der Ring nach oben über das Gelenk rutscht und dadurch über das Schienbein geschoben wird. Der Ring muss aber immer am unteren Lauf bleiben. Manchmal kann es passieren, dass die Elternvögel versuchen, den Ring abzunagen. Das geschieht selten, aber wenn es geschieht, können Sie versuchen, den Ring mit etwas Holzkohle schwarz zu färben. Je weniger er blinkt, umso weniger Aufmerksamkeit werden die Vögel ihm schenken. Vergessen Sie nicht, dass Agaporniden an allem nagen. Wollen

Junge Rosenköpfchen ...

... sind später viel ruhiger, wenn man sie bei Nistkontrollen regelmäßig herausnimmt und an die Hand gewöhnt.

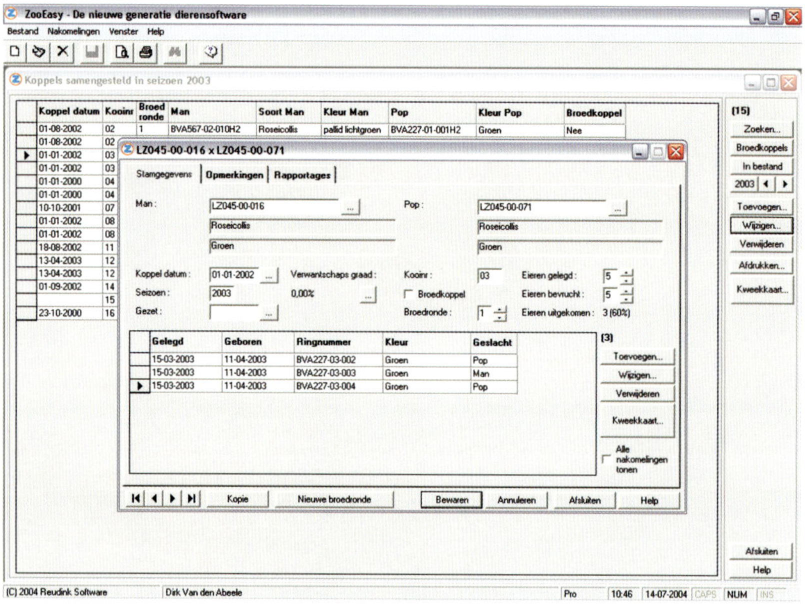

Datenverwaltung mit dem Computer

Über ein spezielles Zuchtprogamm lassen sich die Daten am PC leicht abrufen.

Sie die Daten auf dem Ring noch nach einigen Monaten lesen können, müssen Sie in jedem Fall gehärtete Ringe verwenden. Einfache Aluminium-Ringe sind nur für Kanarien oder Exoten geeignet, nicht für Agaporniden. Die Mitglieder in Ihrem Verein können Ihnen sicher ausreichend Informationen geben und geeignete Ringe empfehlen.

Zuchtverwaltung

Es ist wichtig, eine gute Zuchtverwaltung zu führen. Alle Daten, wie unwichtig sie am Anfang auch erscheinen mögen, können später eine wertvolle Informationsquelle für den Züchter sein. Wichtig sind vor allem: Wer sind die Elternvögel? Wann wurde das erste Ei gelegt? Wie viele Eier waren es? Wie viele waren befruchtet? Wie viele sind geschlüpft? Wann wurden die Jungen beringt und mit welcher Ringnummer? Welche Farbe hatten die Jungen? Wie war es mit der Fütterung der Jungvögel? Wie war die Nahrung zusammengestellt usw.? Es gibt mittlerweile praktische Computerprogramme zu kaufen, aber normale Mitschriften reichen natürlich genauso. Das Einzige, was Sie gut im Auge behalten müssen, ist die Selbstdisziplin, um täglich alles korrekt aufzuschreiben.

Züchten im Kolonieverband

Viele Züchter ziehen es vor, ihre Vögel in der Voliere in einer Brutkolonie brüten zu lassen. Das ist vor allem ratsam bei den selteneren Arten wie *A. pullarius, A. taranta* und *A. canus*. Da diese Vögel noch nicht vollständig domestiziert sind, ist es wahrscheinlich besser, sie im Kolonieverband zu halten. So haben die Vögel freie Partnerwahl, was meistens besser ist als eine „erzwungene Wahl“. Es passiert zudem immer wieder, dass ein Paar das andere zur Brut anregt. Bei den erwähnten Arten können Sie auch deutlich den Unterschied zwischen Männchen und Weibchen sehen. So vermeiden sie leicht, dass Sie zu viele Männchen oder Weibchen haben, was garantiert für Probleme sorgen würde. Es ist in jedem Fall wichtig, dass Sie genug Platz haben und den Tieren ausreichend Nistkästen zur Verfügung stellen. Um zu vermeiden, dass um Nistkästen gekämpft wird, benutzen Sie immer dasselbe Modell und hängen die Kästen alle in gleicher Höhe auf. Dann gibt es mehr oder weniger Gleichheit, was die Kästen betrifft, und das kann Streitereien vorbeugen. Sorgen Sie außerdem für einen Überschuss an Nistkästen. So bleibt den Vögeln genug Auswahl.

Natürlich ist es schwieriger, eine übersichtliche und eindeutige Buchhaltung zu führen, wenn Sie viele Vögel derselben Farbe in einer Voliere halten. Es ist nicht immer ganz einfach, herauszufinden, welches Paar nun genau in welchem Nistkasten sitzt und wer mit wem zusammengehört. Ein Trick ist, die Nistkästen zu nummerieren und den

Rechts: Die Beringung eines Jungvogels erfolgt im Alter von 9 oder 10 Tagen

Zunächst werden die drei längsten Zehen durch den Ring gezogen (Bild 1 bis 5), dann wird der Ring über das Gelenk geschoben (Bild 6 und 7). Schließlich wird der Ring weiter über die (kleinste) hintere Zehe am Lauf entlang geschoben (Bild 8 und 9). Diese kann eventuell abschließend mit einem Streichholz durch den Ring geholt werden.

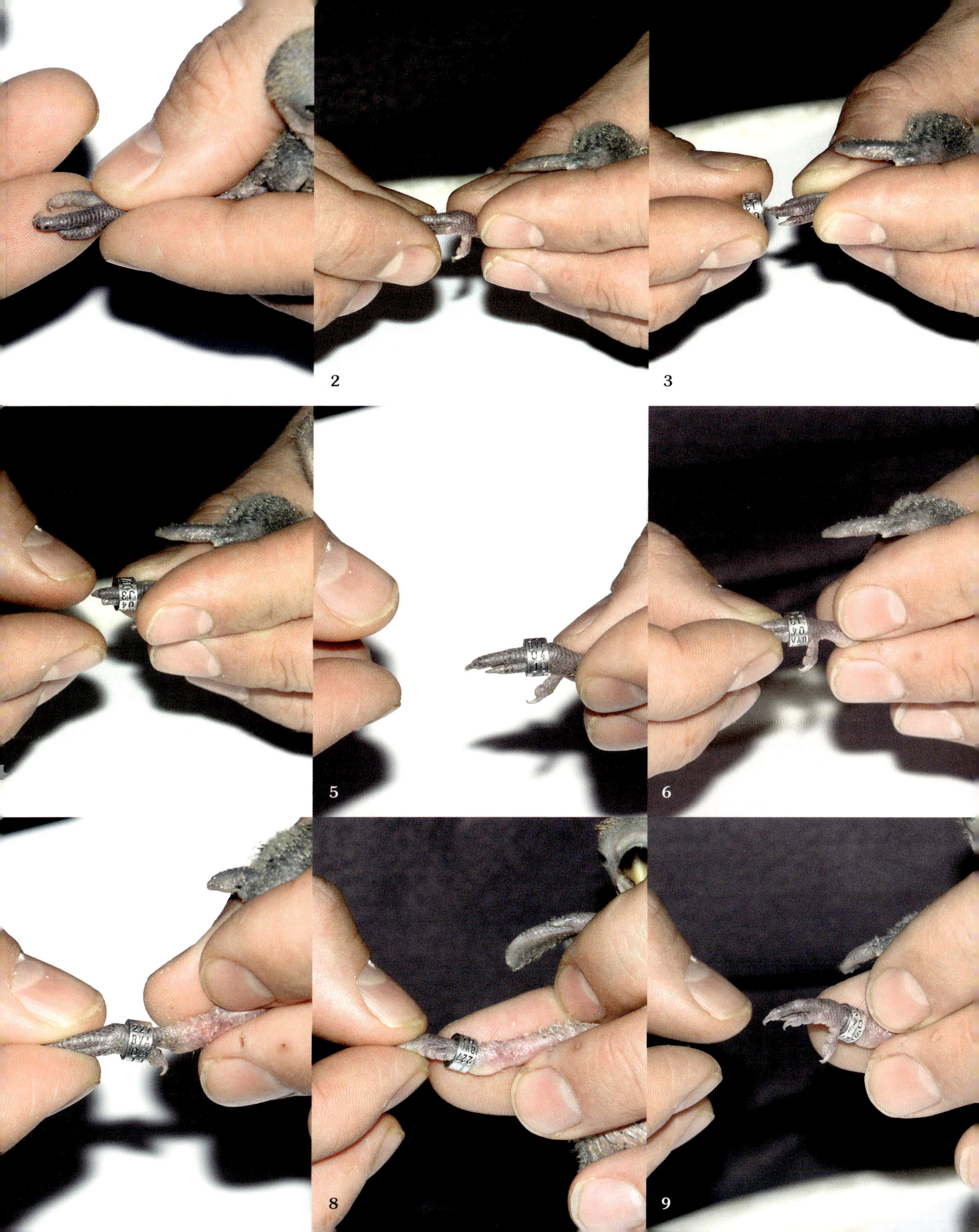
2
3
5
6
8
9

Erdbeerköpfchen in der Gemeinschaftsvoliere

Agaporniden sind gesellige Vögel und können auch in der Gemeinschaftsvoliere gezüchtet werden

Vögeln einen zusätzlichen Farbring über den Fuß zu streifen. Diese „offenen Ringe" sind im Zoohandel erhältlich und werden einfach dicht um den Fuß gedrückt. Dann notieren Sie, welcher Vogel mit welcher Ringnummer aus welchem Jahr welchen zusätzlichen farbigen Ring trägt. So können Sie alle Vögel auch auf Abstand erkennen. Natürlich müssen Sie entsprechend viele Ringe mit unterschiedlicher Farbe kaufen. Alternativ können Sie noch zwischen linkem und rechtem Fuß unterscheiden, wenn Sie zu wenige Farben haben.

Ideal ist es, mehrere Volieren mit jeweils höchstens fünf Paaren zu haben. So behalten Sie noch einigermaßen die Übersicht. Eine bestimmte Linien- oder Farbenzucht ist so aber nicht möglich. Sie können ja nie vorhersagen, wer mit wem ein Paar bildet. Und damit können Sie die Farben bei den Zuchtergebnissen nicht mehr beeinflussen. Falls das aber kein Problem für Sie ist, dann lassen Sie der Natur ruhig ihren Lauf. Deswegen haben Sie ja nicht weniger Freude daran.

Eine weitere Schwierigkeit der Koloniebrut ergibt sich, wenn Sie die Nistkästen entfernen. Wollen Sie die Kästen nach einigen Monaten, z.B. bei Winteranfang, herausnehmen, werden kaum immer alle Paare gerade mit der Brut fertig sein. Es ist also gefährlich, wenn Sie die Nistkästen einen nach dem anderen herausnehmen. Denn wenn einige Jungen gerade erst ausgeflogen sind, sitzen in anderen Nistkästen noch Jungvögel oder brütende Weibchen. Die ausgeflogenen Vögel wollen dann natürlich da hinein ... – Um dieses Problem zu vermeiden, können Sie im letzten Monat vor dem Herausnehmen der Nistkästen die Eier, die dann noch gelegt werden, durch Plastikeier ersetzen. Die echten Eier legen Sie bei Vögeln unter, die während des Winters im Haus zum Brüten gebracht werden und als Adoptiveltern fungieren. Wenn dann die letzten Jungen in der Voliere ausgeflogen sind, können Sie ohne Schuldgefühle alle Nistkästen entfernen und die gesamte Brut der Vögel zur gleichen Zeit stilllegen. Ob das nötig ist, muss jeder selbst beantworten. Es gibt auch Züchter, die ihren Vögeln nie eine Ruhepause gönnen und sie durchgängig brüten lassen, ohne dass das Probleme gibt. Manche Vögel hören spontan für eine bestimmte Zeit mit der Brut auf, wenn sie beim Wechsel der Jahreszeiten in die Mauser kommen. Meistens beginnen sie dann genauso spontan im Frühling wieder mit der Brut. – Entscheiden Sie selbst, wie Sie es bei Ihren Vögeln handhaben wollen!

Zuchtprobleme

Die Eier sind nicht befruchtet

Es ist für jeden Züchter eine große Enttäuschung, wenn nach (manchmal) langem Warten die ersten Eier gelegt werden und sich dann zeigt, dass sie nicht befruchtet sind. Das können Sie nach zehn Bruttagen ganz einfach kontrollieren, indem Sie eine Lampe gegen die Eier halten. Bei befruchteten Eiern sehen Sie dann schon deutlich, dass sich Adern entwickeln. Wenn das nicht der Fall ist und die Eier eher gelblich gefärbt sind, dann sind sie unbefruchtet. Dafür kann es verschiedene Ursachen geben. Es kann z.B. sein, dass Sie kein Paar, sondern zwei Weibchen haben. Diese haben manchmal die Neigung, sich zu „paaren", ein Nest zu bauen und Eier hineinzulegen. Manchmal ist es sogar so, dass beide Weibchen legen. Sie sollten mißtrauisch werden, wenn Sie zehn oder mehr Eier im Nest vorfinden. Manchmal sehen Sie auch, dass jeden Tag zwei Eier dazu kommen, und dann wissen Sie sofort, was los ist. Schließen Sie in diesem Fall den Nistkasten, und das Legen wird nach einigen Tagen aufhören. Setzen Sie jedoch nicht einfach ein Männchen zu diesen Weibchen, denn diese werden mit aller Kraft ihr Nest und ihre Eier verteidigen – mit den entsprechenden Folgen. Das Beste ist, die Weibchen aus dem Käfig herauszunehmen und in einen neuen Käfig zu setzen, in dem sich schon die Männchen befinden. Dann sind die Weibchen „auf fremdem Terrain" und werden sich schnell von der Zuwendung der Männchen verführen lassen.

Wurden bei dieser Vorgehensweise unglücklicherweise zwei Männchen zusammengesetzt, werden diese dem Nistkasten kaum Beachtung schenken.

Ein anderer Grund kann sein, dass es sich zwar um ein Paar handelt, aber dass der Partnern nicht alt genug ist. Ein Weibchen ist oft im Alter von acht bis neun Monaten zuchtreif, bei den Männchen dauert es meist einen Monat länger. Es ist daher ratsam, solange zu warten, bis beide Vögel mindestens ein Jahr alt sind.

Unbefruchtete Gelege

Wenn die Eier nicht befruchtet sind, haben sie eine mehr gelbliche Farbe.

Außerdem kann es sein, dass einer der beiden Partner noch nicht in optimaler Kondition ist. Sorgen Sie deshalb dafür, dass die Vögel nicht Hals über Kopf in einen Zuchtkäfig gesetzt werden und geben Sie ihnen nicht sofort einen Nistkasten. Bereiten Sie die Vögel langsam vor und warten Sie einige Wochen ab, bevor Sie ihnen einen Kasten zur Verfügung stellen. Lassen Sie die Vögel sich langsam aneinander gewöhnen. (Agaporniden sind nun einmal keine Kaninchen!)

Das Junge stirbt im Ei ab

Probleme bei der Brut von Agaporniden sind hin und wieder der „Tod in der Schale": das Absterben der vollentwickelten Embryonen im Ei. Eine Ursache dafür kann eine Wechselwirkung von Luftfeuchtigkeit und Umgebungstemperatur sein. Ideal ist eine Luftfeuchtigkeit von 60 bis 65% und eine Umgebungstemperatur von mindestens 18 °C. Bei einer niedrigeren Luftfeuchtigkeit und einer höheren Umgebungstemperatur ist es ratsam, den Vögeln immer Badewasser anzubieten. Sie können auch regelmäßig frische Weidenzweige geben: Diese sorgen ebenfalls für eine etwas höhere

Junges Pfirsichköpfchen

Manche Agaporniden-Eltern gehen ausgesprochen rabiat mit ihren Jungen um.

Luftfeuchtigkeit im Nistkasten. Aber Vorsicht, eine zu feuchte Umgebung (mehr als 70% Luftfeuchtigkeit) zusammen mit einer kalten Umgebung sind genauso verhängnisvoll wie eine zu trockene. Hohe Luftfeuchtigkeit mit einer hohen Umgebungstemperatur ist kein Problem, aber zu nass und zu kalt ist in jedem Fall fatal!

Natürlich kann es auch noch andere Gründe haben, wenn die Jungen im Ei absterben. Eine unzureichende Ernährung kann eine der Ursachen sein, denn das ergibt schwächliche Jungvögel. Sie können dies vermeiden, indem Sie nur mit Vögeln züchten, die älter als ein Jahr sind, und dafür sorgen, dass die Elternvögel in guter Kondition sind. Diese Kondition wird natürlich langsam aufgebaut, und die Grundlage dafür ist eine gute Ernährung (siehe Kapitel Ernährung).

Auch bestimmte Mutationsformen können so schwach sein, dass die Jungen schon vor dem Schlüpfen in den Eiern absterben. Wichtig ist, dass Sie stets mit Vögeln arbeiten, die nicht miteinander verwandt sind, und dass Sie die „schwache" Mutation zunächst mit der starken Wildform verpaaren, um dann mit den Spaltvögeln weiterzuarbeiten. In diesem Fall vermeiden Sie Kombinationen von Mutation x Mutation. Lassen Sie die Vögel nie mehr als zwei Bruten hintereinander machen, denn ein gutes Paar benötigt nach der zweimaligen Jungenaufzucht eine Ruhephase, sodass es wieder Kräfte für die kommende Brutsaison aufbauen kann.

Schließlich kann auch der Mangel an Sonnenlicht eine Rolle spielen. Unter dem Einfluss von ultraviolettem Sonnenlicht (UV-Strahlen) produziert der Körper des Vogels Vitamin D. Fehlt das Sonnenlicht, können allmählich die Vitamine-D-Vorräte aufgebraucht sein. Die Folge ist, dass der Prozentsatz schlüpfender Vögel zurückgeht. Dem kann man vorbeugen, indem man die Beleuchtung anpasst. Es gibt im Handel Neonröhren, die „Tageslicht" (also auch ultraviolettes Licht) wiedergeben können. Außerdem können Sie Ihren Vögeln wöchentlich eine Extragabe der Vitamine A, D_3 und E geben im Verhältnis von 50 : 25 : 25. Diese Vitamine sind in jeder Drogerie oder Apotheke frei erhältlich. Begrenzen Sie diese Gabe aber auf einmal pro Woche. Zu viel könnte schädlich sein.

Federrupfer

Agaporniden haben manchmal die schlechte Angewohnheit, ihre Jungen zu rupfen. Über die Gründe für das Rupfen der Jungvögel ist noch nicht das letzte Wort gesprochen. Während es nach Meinung des einen eine schlechte Angewohnheit ist, halten es andere für erblich bedingt. Ein Mangel an Vitaminen könnte eine Rolle spielen, aber auch Langeweile wird angeführt. Die genaue Ursache ist bis heute nicht bekannt, obwohl schon eine Reihe seriöser Untersuchungen dazu durchgeführt wurden. 1963 kam Professor Åberg aus Stockholm zu folgendem Schluss: Das Federrupfen ist auf einen Mangel an der Aminosäure Arginin zurückzuführen. Andere Wissenschaftler widersprechen dem jedoch. Eindeutige Lösungen gibt es nicht, aber vielleicht helfen Ihnen die nachfolgenden Tipps gegen das Rupfen:

- Die Jungen einschmieren mit einem Mittel gegen Federrupfen (im Handel erhältlich).
- Die jungen Vögel aus dem Nistkasten nehmen und in eine Schale auf den Boden des Brutkäfigs setzen. Die Eltern werden die Jungen dort weiter füttern, und das Federnrupfen kann dadurch aufhören.
- Den Nistkasten etwas öffnen, sodass Licht hineinkommt.
- Zusätzliche Zweige geben, sodass die Altvögel eine Beschäftigung haben.
- In den schlimmsten Fällen können Sie den Elternvogel, der für das Federrupfen verantwortlich ist, entfernen. Meistens versorgt der Partnervogel die Jungen weiter vorbildlich.
- Die Jungen in einem anderen Nest mit Jungen gleichen Alters unterbringen. Bei Artgenossen ergibt das meist keinerlei Probleme.

Vogelmilben

Ganz gleich, wie gut Sie die Regeln der Hygiene auch beachten, leider ist die Rote Vogelmilbe (*Dermanyssus gallinae*) manchmal ein ungewünschter Gast Ihrer Vögel. Obwohl Agaporniden nicht so empfindlich sind für diesen Parasiten, soll man ihn bekämpfen, sobald er auftritt. Die Vogelmilbe ist ein kleiner, spinnenähnlicher Parasit, 0,7 mm lang, 0,4 mm breit und 0,4 m dick, und sie lebt vom Blut der befallenen Vögel. Wenige Exemplare fallen kaum auf, aber meistens kommen sie in großen Zahlen vor, manchmal sogar zu Tausenden. Dann ist es wichtig, eine schnelle Lösung zu finden, um diese nicht geladenen Gäste wieder loszuwerden. Warten Sie bitte nicht zu lange mit der Behandlung, denn eine weibliche Milbe kann an die vierhundert Eier legen, und die Larven schlüpfen schon nach zwei Tagen. Diese können dann ihrerseits bereits nach sieben Tagen für Nachwuchs sorgen.

Meistens merkt man, dass irgendwo Milben sind, wenn graue Punkte (ihr Kot) an den Seiten des Käfigs oder auf der Bodenschublade auftauchen. Wenn Sie dann genauer nachschauen, werden Sie schnell unterhalb der Schubladen oder in anderen

Mikroskopische Vergrößerung einer Vogelmilbe

Das Vorkommen dieser Parasiten gilt es gut im Blick zu haben.

Ecken oder Löchern des Käfigs Milben finden. Wenn sie sich mit Blut vollgesaugt haben, sind sie an ihrer roten Farbe deutlich erkennbar, insbesondere, wenn sie zu einigen Hundert zusammensitzen. Tagsüber ruhen die Milben meist, aber abends ziehen sie los, um an ihre Nahrung, das Blut von Vögeln, zu kommen. Schlafende und sehr junge Vögel im Nest sind eine leichte Beute für sie. Befallene Junge werden immer schwächer und können sogar sterben. Ältere Vögel haben weniger Probleme, aber auch bei ihnen wirkt sich der Befall negativ auf ihre Kondition aus. – Darum ist es ratsam, beim Bauen oder beim Kauf von Käfigen darauf zu achten, dass alle Teile gut verleimt sind, da sich die Milben in Zwischenräumen und kleinsten Ritzen verstecken. Je weniger Verstecke vorhanden sind, umso leichter entdecken Sie diese Parasiten und umso schneller können Sie mit der Bekämpfung beginnen.

Wenn Sie trotz aller Vorsorge die Rote Vogelmilbe entdecken, müssen Sie schnellstmöglich handeln. Im Handel sind verschiedene Präparate zur Bekämpfung zu kaufen. Das eine Produkt ist vielleicht etwas wirksamer als das andere, aber es gibt genug Auswahl. Worauf Sie in jedem Fall achten müssen, ist, dass das Präparat für Vögel unschädlich ist, denn sonst müssen Sie die Tiere herausfangen und zeitweise anderenorts unterbringen. Es gibt heute sehr wirksame Sprays auf pflanzlicher Basis. Halten Sie sich in jedem Fall immer an die Gebrauchsanweisung. Behandeln Sie damit alles in der direkten Umgebung der Vögel: Käfige,

Unzuverlässige Elterntiere

Junge Rußköpfchen in der Voliere

Es gehört schon einiges Geschick dazu, erfolgreich Jungvögel zu ziehen.

Nistkästen, Sitzstangen – alles muss gründlich desinfiziert werden. Sie müssen diese Behandlung nach ein paar Tagen wiederholen, um die eventuell später geschlüpften Larven ebenfalls zu vernichten. Um Milben soweit wie möglich zu vermeiden, folgen hier einige Tipps:

- Behandeln Sie neu hinzugekaufte Vögel, sie können irgendwo Milben im Gefieder haben.
- Kontrollieren Sie regelmäßig alle Aufenthaltsorte der Vögel.
- Tabakreste oder Kamillenblüten im Nistkasten können Milben abschrecken.
- Wenn Milben gefunden werden, handeln Sie sofort! Denken Sie daran, dass dieses Problem zwar schnell beseitigt werden, sich aber auch sehr schnell verschlimmern kann!

Die Eltern weigern sich, die Jungen zu füttern

Das kann darauf zurückzuführen sein, dass die Eltern noch zu jung sind. Man kann wenig daran ändern, allenfalls die Jungen von Hand aufziehen.

Es ist dann am besten, das Brutpaar eine gewisse Zeit ruhen zu lassen. Wenn sich einige Monate später herausstellt, dass das Weibchen bei der nächsten Brut die Jungen wieder nicht füttert, gibt es für den Züchter nur eine Lösung: das Weibchen abgeben. Geben Sie solche Vögel einem Händler oder jemandem, der es als Zimmervogel halten kann. Denn eines ist bei diesen Vögeln sicher: Sie sind bestimmt keine geeigneten Elterntiere.

Die Jungen werden aus dem Nest geworfen

Manchmal passiert es, dass ein Junges aus dem Nest geworfen wird. Meistens kommen Sie zu spät, um das zu verhindern. Aber selbst wenn Sie das Junge bemerken, hat es den Sturz meist nicht überlebt oder ist schon zu lange außerhalb des Nestes und bereits gestorben. Das ist für jeden Züchter sehr frustrierend.

Aufzucht verstoßener Jungvögel

Es ist mir einige Male gelungen, ein verstoßenes Junges rechtzeitig zu finden. Aber jedesmal, wenn ich das Junge ins Nest zurücklegte, wurde es bald durch die Eltern erneut hinausgeworfen oder sie weigerten sich, es zu füttern. Dann fand ich es am folgenden Tag tot im Nest. Mehrmals entschloss ich mich, beim nächsten Mal solch ein Junges mit der Hand aufzuziehen. – Und trotzdem passierte es, dass auch bei Handaufzucht das Junge entweder nach kurzer Zeit starb oder, wenn es am Leben blieb, ernsthafte Behinderungen aufwies. Die Eltern scheinen offensichtlich einen Instinkt zu haben, der ihnen sagt, dass dieses Junge keine Überlebenschancen hat. Infantizid (das Töten der Jungen) und Verstoßen sind anscheinend natürliche Phänomene, denn das Versorgen von Nachkommen, die keine Überlebenschance haben, ist in der Natur buchstäblich „vergebliche Liebesmüh". (Schließlich geht es in der Natur ja um die Weitergabe der Gene). Und so können sich die Eltern wenigstens hundertprozentig für die gesunden Geschwistertiere einsetzen, so dass diese eine bessere Chance zum Überleben haben.

„Wenn alle Stricke reißen…“

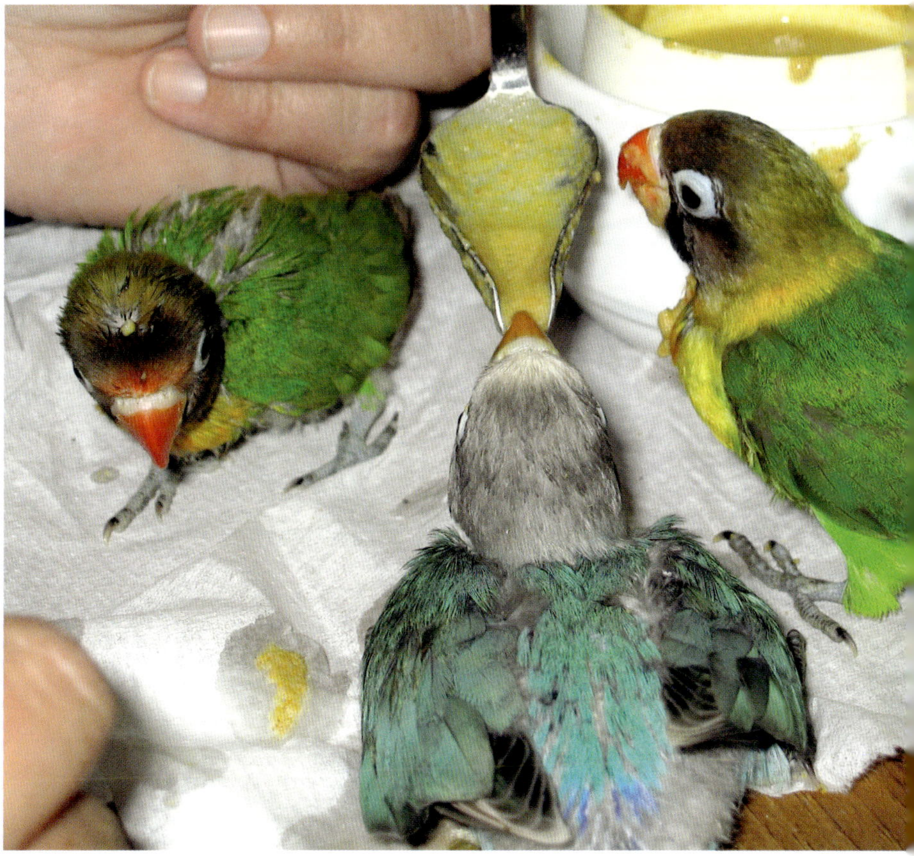

Manchmal kann es geschehen, dass die Umstände einen dazu zwingen, junge Vögel mit der Hand aufzuziehen. Das kann der Fall sein, wenn das Junge von den Eltern verstoßen wird oder wenn man einen handzahmen Vogel haben will. Handaufzucht ist sicher etwas, das die notwendigen Fertigkeiten verlangt. Im Handel gibt es gebrauchsfertiges Futter zu kaufen, das allen Anforderungen entspricht und auf die Handaufzucht von Agaporniden abgestimmt ist. Dieses gibt es meist in Pulverform, das man mit warmem Wasser vermischt. Halten Sie sich an die vorgeschriebenen Mengen.

Sie können junge Agaporniden mit der Spritze füttern. Man kann aber auch einen kleinen Löffel gebrauchen, der an der Seite eingedrückt ist. Geben Sie dem Jungvogel gerade soviel, dass der Kropf voll ist, und füttern Sie das nächste Mal, wenn der Kropf beinahe leer ist. In den ersten Tagen muss das Junge alle zwei Stunden gefüttert werden. Während der Nacht können ruhig sechs Stunden zwischen den Fütterungen liegen. Die letzte Fütterung geben Sie etwa um Mitternacht und die nächste dann um 6 Uhr morgens. So kann der Kropf auch einmal vollständig leer werden. Wird er nämlich niemals ganz leer, besteht die Gefahr einer Übersäuerung im Kropf.

Achten Sie darauf, dass Sie in den ersten Tagen sehr vorsichtig füttern. Lassen Sie das Futter langsam in den Schnabel laufen. Halten Sie den Vogel seitlich, sodass das überschüssige Futter aus dem Schnäbelchen abläuft und er nicht ersticken kann. Das überschüssige Futter wird aus hygienischen Gründen mit einem feuchten Stück Papier abgewischt.

In der Zeit zwischen den Fütterungen werden die Jungen in den ersten Tagen in einen Aufzuchtapparat gesetzt, dessen Temperatur Sie auf 37 °C einstellen. Nach einigen Tagen können Sie die Temperatur langsam bis auf Zimmertemperatur herabsetzen. Wenn die Vögel gut befiedert sind, kommen sie in einen Absetzkäfig. Auch die Häufigkeit der Fütterungen kann nun langsam herabgesetzt werden. War es in den ersten Tagen nötig, alle zwei Stunden zu füttern, können Sie nach drei Wochen die Anzahl auf etwa vier bis fünf Fütterungen beschränken. Die Jungen können dann nachts auch länger ohne Futter auskommen.

Im Alter von zwei Monaten beginnen die Vögelchen langsam, anderes Futter zu untersuchen. Darum ist es ratsam, ein paar Körner oder Pellets auf den Boden des Käfigs zu streuen. Spielenderweise lernen sie dann, diese Nahrung zu fressen. Denken Sie daran, dass Handaufzucht viel Ausdauer verlangt und Zeit kostet. Wenn man einmal damit angefangen hat, kann man nicht mehr zurück. Deshalb gilt auch hier: Erst nachdenken, dann handeln!

Handaufzucht von Agaporniden …

… sollte nur im Notfall durchgeführt werden. Eine natürliche Aufzucht (auch durch Ammenvögel) hat immer Vorrang.

Weibchen des Taranta-Papageis

Kranke Vögel sollte man sofort dem Tierarzt vorstellen und nicht selbst „herumprobieren“.

Gesundheit und Krankheit

Dieses Buch ist nicht das angemessene Medium, um ausführlich auf das medizinische Wohl und Wehe von Agaporniden einzugehen. Dieses Thema erlaubt keinerlei Spielraum, um selber damit zu „experimentieren“. Der Ratschlag ist immer derselbe: Wenn einer oder mehrere Vögel krank sind, rufen Sie den Tierarzt an! Die Kosten des Tierarztes sind nichts im Vergleich zu der Tatsache, dass man andernfalls riskiert, einen ganzen Vogelstamm zu verlieren. Viel zu oft experimentieren Züchter selber mit Antibiotika. Meist vergessen sie dabei, dass jede Infektion ein eigenes Antibiotikum verlangt und dass man nur über eine Probe ermitteln kann, welches Arzneimittel geeignet ist. Übermäßiger und/oder präventiver Gebrauch von Antibiotika sorgt nur dafür, dass die Krankheitserreger resistent werden. Und wenn es dann wirklich nötig ist, hat das Antibiotikum keinerlei Wirkung mehr, und man bekommt die entsprechenden Folgen zu spüren ... Dieses Kapitel beschränkt sich darum auf allgemeingültige Aussagen über die Gesundheit Ihrer Vögel. Oft wird von den Haltern unterschätzt, dass sie selbst großen Einfluss auf die Gesundheit ihrer Vögel haben, indem sie präventive Maßnahmen ergreifen.

Risiken

Wenn Sie einen einzelnen Agaporniden oder ein Pärchen in einem Käfig halten, ist das Risiko für Infektionen klein. Sie müssen allerdings für eine verantwortliche, vollständige Ernährung sorgen. Einseitige oder unangemessene Ernährung kann auf lange Sicht zu Krankheiten und selbst Todesfällen führen.

Die Haltung verschiedener Agaporniden in einer Außenvoliere – eventuell noch mit anderen Papageienarten zusammen – bringt es hingegen mit sich, dass Infektionen mit Viren, Bakterien, Parasiten und Schimmelpilzen auftreten können. Dieses Risiko wird deutlich größer, wenn Sie regelmäßig durch Kauf oder Tausch neuer Vögel den Bestand verändern.

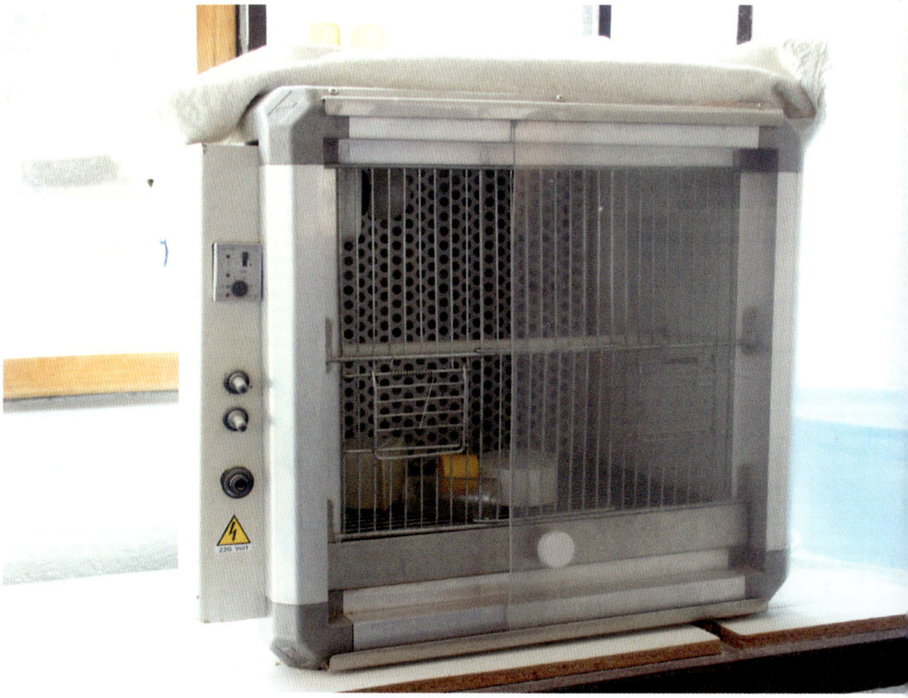

Krankenkäfig

Wenn man Vögel züchtet, sollte man in für den Notfall im Besitz eines Krankenkäfigs sein.

Prävention

Es gibt einige Vorsichtsmaßnahmen, die man beachten kann, um Krankheiten vorzubeugen. Zunächst einmal müssen Sie versuchen, Neueinkäufe soweit wie möglich zu begrenzen. Erwerben Sie neue Vögel ausschließlich von vertrauenswürdigen Züchtern. Vermeiden Sie insbesondere Käufe auf Vogelbörsen oder Vogelmärkten. Halten Sie neue Vögel grundsätzlich mehrere Wochen in Quarantäne.

Bemühen Sie sich, Ihre Vögel möglichst stressfrei zu halten. Das können Sie erreichen, indem Sie Ihre Vögel möglichst kurz, ruhig und – wenn machbar – nur selten transportieren und ihnen unter allen Umständen ausreichend Futter und Trinkwasser geben. Geben Sie auch Ihrem Urlaubsvertreter deutliche Anweisungen, wie er die Vögel zu handhaben hat. Wichtig ist, dass in Ihrer Abwesenheit unnötige und starke Schwankungen in der Fütterung und Pflege Ihres Vogelbestandes vermieden werden.

Orangeköpfchen

Vögel in schlechter Kondition sollten nie zur Brut gelangen.

Kontrollieren Sie regelmäßig, ob sich Federlinge oder Milben in den Käfigen befinden. Diese Parasiten können ernst zu nehmende Unruhe verursachen und auf lange Sicht sogar die natürlichen Abwehrkräfte Ihrer Vögel schwächen.

Es ist besser, keine anderen Vogelarten mit Ihren Agaporniden zusammen zu halten. Bestimmte Arten – besonders Wellensittiche – können nämlich Krankheiten übertragen, ohne selbst Krankheitssymptome aufzuweisen. Agaporniden sind im Allgemeinen sehr empfänglich für Ansteckungen und werden in den meisten Fällen auch krank.

Im Zusammenhang mit übertragbaren Krankheiten, die von anderen Vögeln stammen, müssen Sie auch vermeiden, dass „wilde" Vögel oder gar Hühner in die Volieren eindringen können oder ihr Kot hineingelangt. Sie sollten deshalb überlegen, die Außenvolieren Ihrer Vögel zu überdachen.

Es ist natürlich selbstverständlich, dass Sie Ihre Volieren regelmäßig reinigen. Wenn Sie dabei Krankheitskeime wirkungsvoll entfernen wollen, kommen Sie nicht umhin, eine bestimmte Prozedur einzuhalten:

1. Entfernen Sie zunächst mit einer trockenen Bürste den groben Schmutz (Kot, Stroh, Samenhülsen und anderes organisches Material).

2. Bearbeiten Sie mit einer Bürste oder einem Schwamm alle noch verunreinigten Oberflä-

chen mit Wasser und evtl. mit Seife. Versuchen Sie dafür zu sorgen, dass keine Dreckspuren oder Staubreste übrigbleiben. Verwenden Sie niemals einen Hochdruckreiniger! (Hiermit wird der Schmutz nur in alle Richtungen gespritzt, sodass evtl. vorhandene Krankheitskeime über die ganze Voliere verteilt werden.)

3. Reinigen Sie dann alle Oberflächen mit einer desinfizierenden Lösung. Chlorbleiche ist ein billiges und effektives Mittel gegen viele Krankheitskeime, sofern Sie den losen Schmutz vorab gründlich entfernt haben.

Wenn Sie sehr starke Desinfektionsmittel (wie Natronlauge, NaOH) verwenden, müssen Sie Schutzkleidung tragen. Vergessen Sie nicht, die Voliere gründlich abzuspülen und zu lüften. Diese Mittel sind nämlich ätzend und verfliegen leicht. Sie können nicht nur ernsthafte Irritationen an den Füßen verursachen, sondern ebenso in den Luftwegen.

Wenn Ihre Vögel Ihrer Meinung nach krank aussehen, kann man nur davon abraten, auf eigene Faust herumzudoktern! Krankheiten können nur von einem Fachmann effektiv bekämpft werden: dem Tierarzt. Er kann Ihnen und Ihren Vögeln viel Leid ersparen!

Zoonosen

Zoonosen sind Krankheiten, die von Tieren auf Menschen übertragbar sind und umgekehrt. Auch bei Papageien kommen solche Krankheiten vor. Dabei geht es um Tuberkulose und Psittakose (Papageienkrankheit). Es gibt eine Reihe von Symptomen, die darauf hindeuten, dass Ihre Vögel unter diesen Erkrankungen leiden: plötzliche Todesfälle, Atemprobleme oder anhaltende, unerklärliche Abmagerungen mit Todesfolge. In solchen Fällen ist es zu empfehlen, den Tierarzt so schnell wie möglich zu Rate zu ziehen. Er kann durch mikroskopische Untersuchungen die genannten Krankheiten nachweisen und Sie, sofern nötig, an Ihren Hausarzt überweisen.

Das Vorkommen dieser übertragbaren Erkrankungen ist sicherlich kein Grund zur Panik. Wenn Sie auf gute Hygiene achten, halten sich die Risiken sehr in Grenzen. Es ist allerdings sinnvoll zu wissen, dass es solche Zoonosen gibt. Wenn Sie selbst unklare Gesundheitsprobleme haben, teilen Sie Ihrem Hausarzt auch mit, dass Sie Papageien halten.

Schwarzköpfköpfchen-Gruppe

Krankheiten einzelner Tiere können fatale Folgen für den gesamten Bestand haben.

CITES-Regelungen

In den letzten Jahrzehnten sind durch den internationalen Handel immer mehr Tierarten in ihrem Fortbestand gefährdet. Um auf internationalem Niveau einen sicheren Schutz gegen übermäßige Ausbeutung von Arten in der Natur zu schaffen, ist eine entsprechende Gesetzgebung erfolgt.

Im Jahre 1976 kam die Konvention von Washington unter dem Namen CITES (Convention on International Trade in Endangered Species) zustande. Mittlerweile haben 164 Länder diese Konvention unterzeichnet. CITES hat auch eine eigene Website (www.cites.org), wo Sie die wichtigsten Informationen zu diesen Regelungen und Absprachen finden.

Das Washingtoner Artenschützübereinkommen ist mit Datum vom 1. Juni 1997 in eine allgemein gültige Gesetzgebung für alle Länder der EU umgesetzt worden. Alle drei Jahre kommen Vertreter der Regierungen, Wissenschaftler und andere Fachleute aus den Staaten, die das Abkommen unterzeichnet haben, zusammen. Sie gehen die Absprachen durch, schauen, ob es Länder gibt, die sich nicht daran halten, und können in die Anhänge Arten, die geschützt werden sollen, aufnehmen lassen. Dies wird die „Vertragsstaatenkonferenz zum Washingtoner Artenschutzübereinkommen" genannt.

Die bedrohten Tier- und Pflanzenarten werden in vier Listen (Anhänge) eingeteilt, abhängig vom Ausmaß der Bedrohung: Im Anhang I stehen die Arten, die unmittelbar vom Aussterben bedroht sind und deshalb nicht ein- oder ausgeführt werden dürfen. Ausnahmen sind nur unter sehr engen Voraussetzungen möglich, wenn keine kommerziellen Zwecke verfolgt werden, z.B. für wissenschaftliche Zwecke.

Rußköpfchen

In freier Natur haben sie ein sehr begrenztes Verbreitungsgebiet und sind durch Biotop-Zerstörung und PBFD zusätzlich gefährdet.

Das Erdbeerköpfchen ...

... ist in seinem Freilandbestand stark bedroht

Die Arten im Anhang II sind zwar nicht unmittelbar vom Aussterben bedroht, könnten dennoch in diese Gefahr geraten, wenn keine Gegenmaßnahmen ergriffen werden. Diese Arten dürfen nur unter bestimmten strengen Voraussetzungen und kontrolliert in freier Natur gefangen und nur mit Zustimmung der verantwortlichen Ministerien eingeführt werden. In Deutschland ist das das Bundesministerium für Umwelt, Naturschutz und Reaktorsicherheit.

In Anhang III sind jene Arten aufgeführt, bei denen einzelne Staaten Exporte bestimmter, bei ihnen vorkommender Arten kontrollieren möchten und hierzu die Unterstützung der anderen Vertragsstaaten benötigen.

Im folgenden Schema sehen Sie, wie die Tierarten in der Konvention von Washington klassifiziert

CITES-Bescheinigungspflicht

Das Pfirsichköpfchen ...

unterliegt nicht mehr der CITES-Bescheinigungspflicht

werden. Als Beispiel dient das Pfirsichköpfchen (*A. fischeri*), die Papageienart, die auf der Welt am meisten importiert wird.

Class:	AVES
Order:	PSITTACIFORMES
Family:	PSITTACIDAE
Species:	Agapornis fischeri
Common:	Fischer's Lovebird
Distribution:	Burundi, Kenya [int], Rwanda, Tanzania
Appendix:	II
Country:	
Date listed:	(06/06/1981)
Notes:	

Seit dem 1. Januar 1984 hat die Europäische Union (EU) das WA einheitlich und für alle EU-Staaten verbindlich umgesetzt. Es wurden vier Listen bzw. Anhänge erstellt (A, B, C und D), wobei die ersten drei mit den CITES-Anhängen und den damit verbundenen Intensionen vergleichbar sind. Anhang D enthält zusätzlich die Arten, die zwar handelsrelevant sind, aber noch nicht unter die internationalen Schutzkategorien fallen.

Bei den Agaporniden gibt es heute in Deutschland gemäß § 7 Abs. 2 BArtSchV, Anlage 5, keine Meldepflicht mehr für das Rosen- (*A. roseicollis*), Pfirsich- (*A. fischeri*), Schwarz- (*A. personatus*) und Rußköpfchen (*A. nigrigenis*) sowie für den Taranta-Papagei (*A. taranta*), da man erkannt hat, dass bei diesen Arten aufgrund der großen Nachzuchtergebnisse in Menschenobhut keine Gefahr mehr besteht, dass Wildvögel illegal gefangen und geschmuggelt werden. Sie dürfen innerhalb der EU ohne CITES-Dokumente gehalten und gehandelt werden, ihre Zucht muss jedoch behördlich genehmigt sein. Insgesamt ist das Halten und Züchten von Agaporniden damit sehr vereinfacht worden und verursacht kaum Probleme.

Aber um sich seiner Sache völlig sicher zu sein, ist es empfehlenswert, sich bei der Gemeinde oder bei Ihrem Vogelclub zu informieren. Denn manche Gemeindeverordnungen kennen z.B. Begrenzungen, was die Anzahl der Vögel betrifft, die gehalten werden dürfen.

Die Bedeutung dieser Gesetzgebung für Halter und Züchter von Agaporniden liegt in der Tatsache, dass die zuständigen nationalen Behörden die oben beschriebenen Listen verwenden, um ein Besitz-, Einfuhr- oder Haltungsverbot für die Arten auszusprechen. Beachtet werden muss jedoch, dass jedes Land innerhalb der EU noch einmal eigene Gesetze und Verordnungen hat, was diese Fragen betrifft.

Zum jetzigen Zeitpunkt ist es sehr einfach, wenn Sie Agaporniden innerhalb der EU transportieren wollen, sofern die Vögel beringt sind. Spezielle Vorschriften über den Transport sind hingegen landesabhängig. Sie sind nachzulesen auf der Website der Europäischen Union (www.europa.eu.int/).

Rosenköpfchen ...

... sind häufig gezüchtete Agaporniden in Menschenobhut

Agaporniden außerhalb der EU kaufen

Wenn Sie im Ausland unterwegs sind und wollen einen Agaporniden kaufen, müssen Sie bei Ihrer Rückkehr nach Deutschland beim Zoll eine Ausfuhrgenehmigung bzw. eine Wiederausfuhrgenehmigung vorlegen! Diese Dokumente werden von den dazu befugten Autoritäten des Landes, in dem Sie die Vögel gekauft haben, ausgegeben. In bestimmten Fällen wird sogar eine Einfuhrgenehmigung verlangt, die vom zuständigen Landesministerium ausgestellt wird. In manchen Ländern ist es den Händlern erlaubt, den Käufern selbst eine Ausfuhrgenehmigung zu geben. In den meisten Fällen werden diese Genehmigungen jedoch nur von den dazu befugten Behörden erteilt.

Agaporniden aus der EU ausführen

Dafür müssen Sie ein Ausfuhr- und Wiederausfuhr-Zertifikat beim Zoll beantragen. In jedem Land gibt es eine offizielle Instanz, bei der Sie weitere Informationen erhalten. Von den hier nicht aufgeführten Ländern finden Sie eine vollständige Übersicht im Internet (www.cites.org).

Deutschland
Bundesministerium für Umwelt, Naturschutz und Reaktorsicherheit
(Division N II 1 „Sustainable Use and Protection of Biological Diversity; Hunting, Trade and Fisheries")
Robert-Schumann-Platz 3
Postfach 12 06 29 53048
BONN
Telefon: ++49 (228) 305 26 33/60

Belgien
Federale Overheid Dienst Volksgezondheid
Dienst dierenwelzijn en CITES
Eurostation
Blok II - 7de verdieping
Victor Hortaplein 40 bus 10
1060 Brussel

Nützliche Adressen

Schwarzköpfchen ...

... zählen zu den beliebtesten Arten unter den Agaporniden

Niederlande
LASER Dordrecht/ CITES-bureau
Postbus 1191
3300 BD Dordrecht
Telefon ++800-223322
http://www.minlnv/CITES

Dänemark
Miljø- og Energiministeriet
(Ministry of the Environment and Energy)
Skov- og Naturstyrelsen (Danish Forest and Nature Agency)
Haraldsgade 53
DK-2100 KØBENHAVN
Telefon: +45 39 47 20 00

Großbritannien
Department for Environment, Food and Rural Affairs (DEFRA), Global Wildlife Division
1st Floor, Temple Quay House
2 The Square, Temple Quay
BRISTOL BS1 6EB
Telefon: ++44 (117) 372 80 17

Frankreich
Ministère de l'aménagement du territoire et de l'environnement
Direction de la nature et des paysages
Bureau des échanges internationaux d'espèces menacées
20 Avenue de Ségur
F-75302 PARIS 07 SP
Telefon ++33 (1) 42 19 19 03

Italien
Ministero dell'Ambiente e della Tutela del Territorio,
Direzione Conservazione della Natura
Via Capitan Bavastro 174
I-00154 ROMA
Telefon: ++39 (06) 57 22 83 64

Spanien
Ministerio de Economía, Secretaría General de Comercio Exterior,
Subdirección General de Inspección
Certificación y Asistencia Técnica del Comercio Exterior
Paseo de la Castellana, 162 - 6ª planta
E-28071 MADRID
Telefon: ++34 (91) 349 39 79

Portugal
Instituto da Conservação da Natureza, Divisão de Aplicação das Convenções
Rua Ferreira Lapa, 38, 6° andar
P-1150-159 LISBOA
Telefon: ++351 (21) 316 05 20

Bitte beachten Sie, dass sich sowohl die Adressen als auch die Zuständigkeiten im Laufe der Zeit ändern können.

Grauköpfchen

Der wissenschaftliche Name ist in allen Ländern gleich. (Nationale Bezeichnungen können irreführend sein, da sie in verschiedenen Ländern unterschiedlich verwendet werden.)

Internationale Namen der Arten

Agapornis canus
Deutsch - Grauköpfchen
Dänisch – Gråhovedet dværgpapegøjer
Niederländisch – Grijskopagapornis; Canus
Englisch – Grey–headed Lovebird; Madagascar Lovebird
Französisch – Inséparable à tête grise
Italienisch – Inseparabile del Madagascar
Portugiesisch – Canus
Slowakisch – Agapornis sivohlavy
Spanisch – Agapornis canus
Schwedisch – Gråhuvad dvärgpapegoja

Agapornis taranta
Deutsch – Taranta–Papagei, Taranta–Unzertrennlicher; Bergpapagei
Dänisch – Taranta dværgpapegøjer;
Niederländisch – Zwartvleugelagapornis; Taranta
Englisch – Abyssinian Lovebird; Black–winged Lovebird
Französisch – Inséparable d'Abyssinie
Italienisch – Inseparabile d'Abissinia
Portugiesisch – Taranta
Slowakisch – Agapornis etiopsky
Spanisch – Agapornis taranta
Schwedisch – Abessinsk dvärgpapegoja; svartvingad dvärgpapegoja

Agapornis pullarius
Deutsch – Orangeköpfchen
Dänisch – Orangehovedet dværgpapegøjer
Niederländisch – Roodmaskeragapornis; Pullarius
Englisch – Red–faced Lovebird; Red–headed Lovebird
Französisch – Inséparable à tête rouge; Perruche à tête rouge
Italienisch – Inseparabile a faccia rossa
Portugiesisch – Pullárius
Slowakisch – Agapornis oranzovocely
Spanisch – Agapornis pullarius
Schwedisch – Orangehuvad dvärgpapegoja

Agapornis swindernianus
Deutsch – Grünköpfchen
Dänisch – Grønhovedet dværgpapegøjer
Niederländisch – Zwartkraagagapornis; Swindernianus
Englisch – Black–collared Lovebird

Orangeköpfchen

Immer noch ist es etwas Besonderes, diese Agaporniden-Art in Menschenobhut zu Gesicht zu bekommen.

Französisch – Inséparable à collier noir; Inséparable de Swindern; Perruche de Swindern
Italienisch – Inseparabile collare nero di Liberia
Portugiesisch – Swindernianus
Slowakisch – Agapornis zelenohlavy
Spanisch – Agapornis swinderniana
Schwedisch – Grönhuvad dvärgpapegoja; svartkragad dvärgpapegoja; svartnackad dvärgpapegoja

Agapornis roseicollis
Deutsch – Rosenköpfchen
Dänisch – Rosenhovedet dværgpapegøjer
Niederländisch – Perzikkopagapornis; Roseicollis
Englisch – Peach-faced Lovebird; Rosy-faced Lovebird
Französisch – Inséparable à face rose; Inséparable rosegorge; Perruche à face rose
Italienisch – Inseparabile a faccia rosa
Portugiesisch – Roseicollis
Slowakisch – Agapornis ruzovohrdly
Spanisch – Agapornis roseicollis
Schwedisch – Rosenhuvad dvärgpapegoja

Agapornis personatus
Deutsch – Schwarzköpfchen
Dänisch – Sorthovedet dværgpapegøjer
Niederländisch – Zwartmaskeragapornis; Personatus
Englisch – Black-masked Lovebird; Masked Lovebird; Yellow-collared Lovebird
Französisch – Inséparable masque; Perruche masqué
Italienisch – Inseparabile mascherato
Portugiesisch – Personatus
Slowakisch – Agapornis skraboskovy
Spanisch – Agapornis personatus
Schwedisch – Svarthuvad dvärgpapegoja

Agapornis fischeri
Deutsch – Pfirsichköpfchen
Dänisch – Rødhovedet dværgpapegøjer
Niederländisch – Fischers Agapornis; Fischeri
Englisch – Fischer's Lovebird
Französisch – Inséparable de Fischer; Perruche de Fischer
Italienisch – Inseparabile di Fischer
Portugiesisch – Fischeri
Slowakisch – Agapornis fiser
Spanisch – Agapornis fischeri
Schwedisch – Fischers dvärgpapegoja; rödhuvad dvärgpapegoja

Agapornis nigrigenis
Deutsch– Rußköpfchen
Dänisch – Sodbrunhovedet dværgpapegøjer
Niederländisch – Zwartwangagapornis; Nigrigenis
Englisch – Black-cheeked Lovebird
Französisch – Inséparable à joues noires; Perruche à joue noire
Italienisch – Inseparabile a guance nere
Portugiesisch –Nigrigenis
Slowakisch – Agapornis hnedohlavy
Spanisch – Agapornis nigrigenis
Schwedisch – Svartkindad dvärgpapegoja

Agapornis lilianae
Deutsch – Erdbeerköpfchen
Dänisch – Jordbærhovedet dværgpapegøjer
Niederländisch – Nyasa-Agapornis; Lilianae
Englisch – Lilian's Lovebird; Nyasa Lovebird
Französisch – Inséparable de Lilian; Perruche de Lilian
Italienisch – Inseparabile del niassa
Portugiesisch – Liliane
Slowakisch – Agapornis ruzovohlavy
Spanisch – Agapornis lilianae
Schwedisch – Gul dvärgpapegoja; nyassadvärgpapegoja

Agaporniden – Band 2

Agaporniden - Band 2

Der Folgeband zu diesem Buch behandelt die Mutationsformen, Farbschläge und das Ausstellungswesen der Agaporniden. Er ist ebenfalls im

Arndt-Verlag
Brückenfeldstr. 28
75015 Bretten

Tel: 07252-957970

erhältlich

Europas größte Papageienzeitschrift
Mit riesigem Anzeigenmarkt ! Kostenlos und auch im Internet !
Schnupper-Abo für 3 Monate € 18,70 *
PAPAGEIEN
PAPAGEIEN 7/2010
12-mal im Jahr mehr wissen als andere - Ihren Vögeln zuliebe
PAPAGEIEN Kleinanzeigen 1/2010
Ihre kostenlose Kleinanzeige erscheint sofort im Internet und zusätzlich in der Druckausgabe.
Probleme bei der Haltung und Zucht von Kakadus
Herz-Kreislauf-Erkrankungen – Erkennen, Behandeln, Vorbeugen
Auf der Suche nach Zenkers Grünköpfchen
Über zwanzig Jahre Zucht mit einem Paar Grünwangenamazonen
* Jahres-Abo Inland: € 74,80
Inland (Bankeinzug): € 72,40
Ausland: € 81,80
Schnupper-Abo (3 Monate): € 18,70
Arndt-Verlag • Brückenfeldstr. 28 • 75015 Bretten
Fax: 07252-78224 • E-Mail: info@arndt-verlag.de